高等职业院校基于工作过程项目式系列教材
企业级卓越人才培养解决方案"十三五"规划教材

MySQL 数据库项目式教程

MySQL Shujuku Xiangmushi Jiaocheng

天津滨海迅腾科技集团有限公司　主编

南开大学出版社
天　津

图书在版编目(CIP)数据

MySQL 数据库项目式教程 / 天津滨海迅腾科技集团有限公司主编. —天津：南开大学出版社，2019.8(2023.8 重印)

高等职业院校基于工作过程项目式系列教材 企业级卓越人才培养解决方案"十三五"规划教材

ISBN 978-7-310-05864-8

Ⅰ. ①M… Ⅱ. ①天… Ⅲ. ①SQL 语言－程序设计－高等职业教育 Ⅳ. ①TP311.132.3

中国版本图书馆 CIP 数据核字(2019)第 179305 号

天津滨海迅腾科技集团有限公司主编

MySQL 数据库项目式教程
MySQL SHUJUKU XIANGMUSHI JIAOCHENG

南开大学出版社出版发行

出版人：陈　敬

地址：天津市南开区卫津路 94 号　　邮政编码：300071
营销部电话：(022)23508339　营销部传真：(022)23508542
https://nkup.nankai.edu.cn

河北文曲印刷有限公司印刷　全国各地新华书店经销
2019 年 8 月第 1 版　　2023 年 8 月第 7 次印刷
260×185 毫米　16 开本　13 印张　325 千字
定价：59.00 元

高等职业院校基于工作过程项目式系列教材
企业级卓越人才培养解决方案"十三五"规划教材
编写委员会

王作鹏　烟台职业学院
郑开阳　枣庄职业学院
景悦林　威海职业学院
常中华　青岛职业技术学院
张洪忠　临沂职业学院
宋　军　山西工程职业学院
刘月红　晋中职业技术学院
田祥宇　山西金融职业学院
任利成　山西轻工职业技术学院
赵　娟　山西旅游职业学院
陈　炯　山西职业技术学院
范文涵　山西财贸职业技术学院
郭社军　河北交通职业技术学院
麻士琦　衡水职业技术学院
娄志刚　唐山科技职业技术学院
刘少坤　河北工业职业技术学院
尹立云　宣化科技职业学院
廉新宇　唐山工业职业技术学院
郭长庚　许昌职业技术学院
李庶泉　周口职业技术学院
周　勇　四川华新现代职业学院
周仲文　四川广播电视大学
张雅珍　陕西工商职业学院
夏东盛　陕西工业职业技术学院
许国强　湖南有色金属职业技术学院
许　磊　重庆电子工程职业学院
董新民　安徽国际商务职业学院
谭维齐　安庆职业技术学院
孙　刚　南京信息职业技术学院
李洪德　青海柴达木职业技术学院
王国强　甘肃交通职业技术学院

基于产教融合校企共建产业学院创新体系简介

　　基于产教融合校企共建产业学院创新体系是天津滨海迅腾科技集团有限公司联合国内几十所高校，结合数十家行业协会及 1000 余家行业领军企业人才需求标准，通过 10 年在高校中实施而形成的一项科技成果，该成果于 2019 年 1 月在天津市高新技术成果转化中心组织的科学技术成果鉴定中被评定为"国内领先"水平。该成果是迅腾集团贯彻落实《国务院关于印发国家职业教育改革实施方案的通知（国发〔2019〕4 号）》文件的深度实践，迅腾集团开发了具有自主知识产权的"标准化产品体系"（含 329 项具有知识产权的实施产品），从产业／项目／专业／课程四方面构建了具有企业特色的产教融合校企合作运营标准"十个共"、实施标准"九个基于"、创新标准"七个融合"等全系列、可操作、可复制的产教融合系列标准，形成了在高等职业院校深入开展校企合作的系统化、规范化流程。该成果通过企业级卓越人才培养解决方案（以下简称"解决方案"）具体实施。

　　该解决方案是面向我国职业教育量身定制的应用型技术技能人才培养解决方案。该方案是以教育部—滨海迅腾科技集团产学合作协同育人项目为依托，依靠集团研发实力，联合国内职业教育领域相关政策研究机构、行业、企业、职业院校共同研究与实践的方案；是坚持"创新校企融合协同育人，推进校企合作模式改革"的宗旨，消化吸收德国"双元制"应用型人才培养模式，深入践行基于工作过程"项目化"及"系统化"的教学方法，设立工程实践创新培养的企业化培养解决方案。该方案服务国家战略，在京津冀教育协同发展、中国制造 2025 等领域培养不同层次的技术技能人才，为推进我国实现教育现代化发挥积极作用。

　　该解决方案由"初、中、高"三个培养阶段构成，包含技术技能培养体系（人才培养方案、专业教程、课程标准、标准课程包、企业项目包、考评体系、认证体系、社会服务及师资培训）、教学管理体系、就业管理体系、创新创业体系等，采用校企融合、产学融合、师资融合的"三融合"模式在高校内共建大数据学院、人工智能学院、互联网学院、软件学院、电子商务学院、设计学院、智慧物流学院、智能制造学院等，并以"卓越工程师培养计划"项目的形式推行，将企业人才需求标准、工作流程、研发规范、考评体系、企业管理体系引进课堂，充分发挥校企双方优势，推动校企、校际合作，促进区域优质资源共建共享，实现卓越人才培养目标，达到企业人才招录的标准。本解决方案已在全国几十所高校开始实施，目前已形成企业、高校、学生三方共赢的格局。

　　天津滨海迅腾科技集团有限公司创建于 2004 年，是以 IT 产业为主导的高科技企业集团。集团业务范围已覆盖信息化集成、软件研发、职业教育、电子商务、互联网服务、生物科技、健康产业、日化产业等。集团以科技产业为背景，与高校共同开展"三融合"的校企合作混合所有制项目。多年来，集团打造了以博士、硕士、企业一线工程师为主导的科研及教学团队，培养了大批互联网行业应用型技术人才。集团先后荣获全国模范和谐企业、国家级高新技术企业、天津市"五一"劳动奖状先进集体、天津市"AAA"级劳动关系和谐企业、天津市"文明单位""工人先锋号""青年文明号""功勋企业""科技小巨人企业""高科技型领军企业"等近百项荣誉。集团将以"中国梦，腾之梦"为指导思想，坚持围绕产业需求，坚持利用科技创新推动，坚持激发职业教育发展活力，形成"产业＋科技＋教育"生态，为我国职业教育深化产教融合、校企合作的创新发展做出更大贡献。

前　言

MySQL 是开源数据库的典型代表,拥有成熟的生态体系,是目前世界上最受欢迎的关系型数据库管理系统之一。同时,因其拥有性能优良、适用范围广、易于使用等优点,被广泛应用于一些中小型管理系统中。本书所讲述的是在高校内使用 MySQL 数据库对学生信息及其成绩进行管理,通过实现学生成绩管理系统的数据库设计以及应用,帮助读者循序渐进地理解并掌握 MySQL 中各项技术的使用。

本书共分为九个项目,即认识数据库、数据库设计、数据定义、数据更新、数据查询、索引与视图、存储过程与触发器、数据安全和综合项目案例。前八个项目主要对 MySQL 数据库系统的安装配置以及学生成绩管理系统数据库进行讲解,第九个项目则是通过所学内容完成一个手机销售管理系统的数据库设计及综合应用,在实践中加深对知识点的理解。

本书每个项目都设有学习目标、学习路径、任务描述、任务技能、任务实施、任务总结六个模块。通过学习目标与学习路径确定本项目的知识重点后,在任务技能中进行知识点的详细讲解,并使用所学技能完成任务实施中的案例,帮助读者进一步理解所学知识。此外,本书还加入了英语角、任务习题模块,对每个项目中的重难点进行标注与提问,在帮助读者掌握知识点的同时,进一步加强读者对技能点的应用。

本书由冯德万任主编,由杨勇、杨洋、柳成霞、吴晓楠、王雪莉、朱弘共同任副主编,冯德万负责统稿,杨勇负责全书内容的规划,杨洋、柳成霞、吴晓楠、王雪莉、朱弘负责整体内容编排。具体分工如下:项目一至项目三由冯德万编写,杨勇负责全面规划;项目四、项目五由杨勇、杨洋编写,柳成霞负责全面规划;项目六、项目七由柳成霞、吴晓楠编写,王雪莉负责全面规划;项目八、项目九由王雪莉、朱弘编写,杨洋负责全面规划。

本书在理论方面,语言通俗易懂、即学即用;在实例方面,操作步骤清晰,讲解细致。每个案例操作步骤后都会有对应的效果显示,不仅能够帮助读者直观、清晰地理解案例内容,还可以使读者能够在 MySQL 数据库系统的学习过程中提高实际操作能力,为后续其他编程课程的学习奠定坚实的基础。

天津滨海迅腾科技集团有限公司
2019 年 8 月

目　录

项目一　认识数据库

本项目主要介绍数据库相关的基础知识，了解数据库的基本概念以及数据的存储方式。通过本项目的学习，能根据用户需求完成数据库软件的安装与配置。在任务实现过程中：
- 了解数据库的基础知识
- 学习 MySQL 数据库的特点
- 掌握 MySQL 数据库的安装与配置
- 具有使用 Navicat 工具的能力

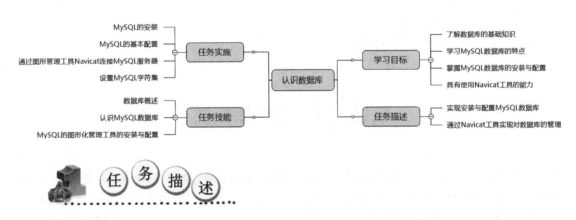

【情境导入】

某高校现有学生五千余人，其学生成绩管理工作会产生大量业务数据。为提高管理效率，减少工作人员的工作量，保证数据安全，现准备为学校开发一套数据库管理系统，对学生成绩管理过程中产生的数据进行信息化管理及存储。本项目通过对 MySQL 数据库的安装及配置来完成数据库管理系统的前期准备工作。

【功能描述】
- 实现安装与配置 MySQL 数据库

● 通过 Navicat 工具实现对数据库的管理

【基本框架】

通过本项目的学习,理解数据库系统整体结构,并能完成数据库的安装与基本配置。数据库系统(DataBase System,DBS)是计算机系统中引入数据库后的系统,由软件、数据库和数据管理员组成。其数据库系统结构如图 1.1 所示。

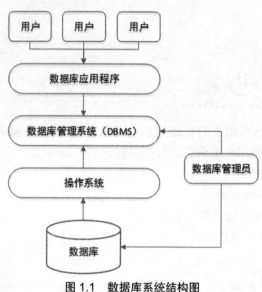

图 1.1   数据库系统结构图

技能点 1   数据库概述

数据库技术是现代信息系统的基础和核心,在计算机应用领域中起着至关重要的作用,它的出现和使用极大地促进了计算机应用领域的发展。目前在生活中常使用的应用软件如百度、京东、新浪、网易、雅虎等都需要数据库系统进行数据的更新及存储。为了更加精准地使用数据,我们需要对数据进行分类、存储和检索。

(1)信息

信息是现实世界事物的存在方式或运动状态的反映,它通过多种形式展现,如文字、数码、符号、图形、声音等。信息具有可感知、可存储、可加工等自然属性,是各行各业不可或缺的资源。

(2)数据

数据不等于信息,数据是对客观事件进行记录并可以鉴别的符号,是数据库中存储的基本对象,是信息的具体表现形式。例如:"张三是一名 2019 年入学的计算机工程学院电子商务专业的学生,性别男,于 2001 年 3 月出生,天津人"。但计算机并不能直接识别以上自然语言。为了存储和处理这些信息,就需要抽象出这些事物的特征,以组成一条记录来描述。通过分析,可以得到以下信息:

(张三,男,2001.3,天津,计算机工程学院,电子商务,2019)

以上这条记录就是数据。对于这条记录,分析其含义就会推理出之前所描述的信息。因此,数据是数据库中存放的基本对象,是信息的载体,而信息则是数据的内容,是数据的解释。

(3)数据处理

数据处理也称为信息处理,是数据转化为信息的过程。数据处理的内容主要包括数据的收集、组织、整理、存储、加工、维护、查询和传播等一系列活动。数据处理的目的是从大量的数据中,根据数据自身的规律和它们之间固有的联系,通过分析、归纳、推理等科学手段,提取出有效的信息资源。数据处理的工作分为三个方面:数据管理——收集信息,将信息用数据表示并按类别组织保存;数据加工——对数据进行变换、抽取和运算;数据传播——信息在空间或时间上以各种形式传递。

(4)数据库

数据库,简而言之就是存放数据的仓库,是为了实现一定目的,按照某种规则组织起来的数据的集合。用户可以对仓库中的数据进行新增、截取、更新、删除等操作。

(5)数据库系统

数据库系统是由数据库及其管理软件组成的系统,是存储介质、处理对象和管理系统的集合体,具有整体数据结构化、数据的共享性高、冗余度低且易扩充、数据独立性高、数据由数据库管理系统统一管理和控制等优点。

(6)数据库管理系统

数据库管理系统是操纵数据、管理数据库的软件,为用户或应用程序提供访问数据的方法。数据库管理系统功能强大,主要包括:数据定义功能、数据操纵功能、数据组织、存储与管理功能、数据库的运行管理功能、数据库的保护功能、数据库的维护功能、数据库接口功能。

数据定义功能(Data Definition Language,简称 DDL):主要用于建立、修改数据库的库结构。

数据操纵功能(Data Manipulation Language,简称 DML):主要用于实现对数据的增加、删除、更新、查询等操作。

数据组织、存储与管理功能:主要用于分类组织、存储和管理数据字典、用户数据、存取路径等。数据库管理系统需确定以何种文件结构和存取方式在存储设备上组织这些数据,如何实现数据之间的联系。

数据库运行管理功能:主要用于多用户环境下的并发控制、安全性检查和存取限制控制、完整性检查和执行、运行日志的组织管理、事务的管理和自动恢复,这些功能保证了数据库系统的正常运行。

数据库保护功能:主要用于保护数据库中的数据。数据库管理系统通过对数据库的恢复、并发控制、完整性控制、安全性控制实现对数据库的保护。

数据库维护功能:主要由各个使用程序实现数据库的数据载入、转换、转储以及数据库的重组、重构和性能监控等功能。

数据库接口功能：主要通过与操作系统的联机处理、分时系统及远程作业输入等相关接口实现数据的传送。

（7）关系型数据库

关系型数据库是一种建立在关系模型上的数据库，是目前最受欢迎的数据库管理系统。常用的关系型数据库有 MySQL、SQL Server、Access、Oracle、DB2 等。在关系型数据库中，关系模型就是一张二维表，因而一个关系型数据库就是若干个二维表的集合，其关系模型二维表如图 1.2 所示。

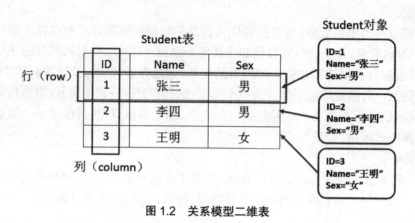

图 1.2　关系模型二维表

技能点 2　认识 MySQL 数据库

MySQL 数据库可以称得上是目前运行速度最快的 SQL 语言数据库。相对于 Oracle、DB2 等数据库来说，MySQL 数据库的使用非常简单。在系统地学习 MySQL 数据库之前，需要先了解 MySQL 数据库技术的基本概念、特点及版本等信息。

1. MySQL 数据库简介

MySQL 数据库由瑞典 MySQL AB 公司开发，目前属于 Oracle 公司旗下的产品。作为关系型数据库最好的应用软件之一，MySQL 是开放源代码的，因此任何人都可以下载并根据自己的需要对其进行修改。

同时，由于其体积小、速度快、总体拥有成本低，一般中小型网站的开发都选择 MySQL 作为网站数据库。此外，MySQL 数据库系统将数据保存在不同的表中，而不是将所有数据放在一个大仓库内，并使用数据库管理语言——结构化查询语言（SQL）进行数据库管理，大幅度提升了数据查询速度及操作的灵活性。

2. MySQL 数据库的特点

MySQL 数据库是一个精巧的 SQL 数据库管理系统，主要有以下特点：

（1）超强的稳定性

MySQL 拥有一个非常快速而且稳定的基于线程的内存分配系统，可以持续使用而不必担心其稳定性。

（2）可移植性好

MySQL 可以在 FreeBSD、Linux、Mac、Windows 等多种操作系统上运行，并且支持多种语言如 C、C++、Python、Java、Perl、PHP、Eiffel、Ruby 等。

（3）强大的查询功能

MySQL 全面支持查询的 SELECT 语句和 WHERE 子句的全部运算符和函数，并且可以在同一个查询中混合使用来自不同数据库的表，从而使查询变得更加方便、快捷。

（4）适用于中小型企业

MySQL 可以方便地支持上千万条记录的数据库。

（5）支持多种字符集存储

字符集即一套符号和编码的规则。MySQL 支持默认字符集为拉丁文（latin1），它是一个 8 位的字符集，它把介于 128~255 之间的字符用于拉丁字母表中的特殊字符的编码。当数据库操作的数据中包括中文字符时，可能会出现乱码现象，为让 MySQL 数据库能够支持中文，必须设置系统字符集编码 UTF8 或 GBK。

拓展：UTF8 也称为通用转换格式（8-bit Unicode Transformation Format），在 Internet 应用被广泛使用，是针对 Unicode 字符的一种变长字符编码。UTF8 包含了全世界所有国家需要用到的字符，是一种国际编码，通用性强。GBK 是对 GB2312 的扩展，GB2312 是简体中文集。GBK 的文字编码采用双字节表示，即不论中文和英文字符都使用双字节。GBK 包含全部中文字符，是中国国家编码。

3. MySQL 数据库的版本

针对不同用户群体，MySQL 分为三种不同的版本。

（1）MySQL Community Server（社区版）

MySQL 社区版是全球广受欢迎的开源数据库的免费下载版本。它遵循 GPL 许可协议，由庞大、活跃的开源开发人员社区提供支持。

（2）MySQL Enterprise Server（企业版）

MySQL 企业版提供了全面的高级功能、管理工具和技术支持，实现了高水平的 MySQL 可扩展性、安全性、可靠性和无故障运行时间。它可在开发、部署和管理业务关键型 MySQL 应用的过程中降低风险、削减成本和减少复杂性。

（3）MySQL Standard Server（标准版）

MySQL 标准版让用户可以交付高性能、可扩展的联机事务处理（OLTP）应用，具有易用性以及行业级的性能和可靠性等优势。MySQL 标准版包括 InnoDB，这使其成为一种全面集成、事务安全、符合 ACID 的数据库。

技能点 3　MySQL 的图形化管理工具

MySQL 的管理维护工具非常多，除系统自带的命令行管理工具之外，还有许多其他的图形化管理工具，如 MySQL Workbench、SQLyog、phpMyAdmin 等。MySQL 的图形化管理工具可以分为两大类：基于 Web 版的图形化客户端和基于桌面版的图形化客户端。本书将重点介绍基于桌面版的 Navicat 工具的使用。

1. Navicat 的安装

Navicat 是一套专为 MySQL 设计的高性能图形用户界面（GUI）管理工具。该工具易学易用，很受用户欢迎。Navicat 官网下载地址为 https://www.navicat.com.cn，下载完成后，双击安装包即可进行安装。

（1）双击安装文件进行安装。此时会弹出"许可协议"对话框，选择"我同意此协议"按钮，再单击"下一步"按钮即可。效果如图 1.3 所示。

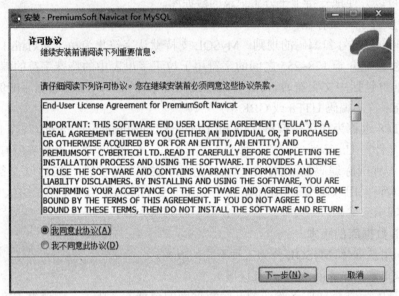

图 1.3 选择安装许可协议

（2）选择安装目标位置，可以根据实际选择安装目录，效果如图 1.4 所示。

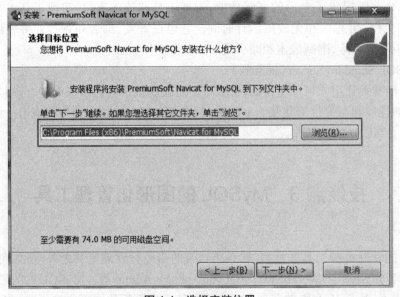

图 1.4 选择安装位置

（3）在接下来的安装步骤中，连续点击"下一步"按钮直至安装完成。效果如图 1.5 所示。

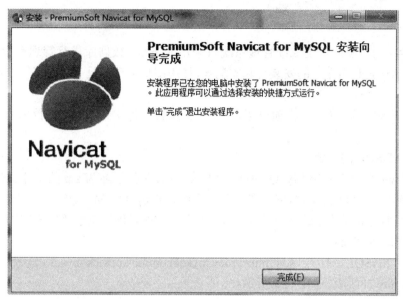

图 1.5　安装完成

2. Navicat 的使用

Navicat 工具登录后的主界面包含五大功能区域，分别为：菜单栏、工具栏、连接树、工作区、结果显示区。界面效果如图 1.6 所示。可以跟据需要选择使用各功能。

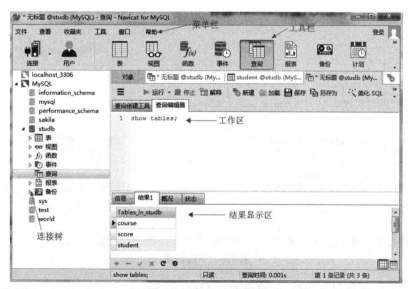

图 1.6　Navicat 主界面

项目任务：某高校的学生成绩管理系统将采用 MySQL 数据库进行管理及存储。任务内容主要包括：MySQL 数据库的安装与基本配置，使用图形管理工具 Navicat 连接 MySQL 数据库服务器。

在整个任务实施过程中，将通过以下四个步骤的操作实现 MySQL 数据库的运行环境搭建。

第一步：MySQL 的安装

在 Windows 平台上安装 MySQL 有两种方式：一种是扩展名为 zip 的压缩文件，zip 的压缩文件直接解压就可以完成 MySQL 的安装（此种方式适合对 MySQL 有一定基础的用户）；另一种是扩展名为 msi 的二进制分发版，msi 的安装文件提供了图形化的安装向导，按照向导提示进行操作即可完成安装。

（1）下载 MySQL。打开网址 https://dev.mysql.com/downloads/mysql/，选择下载 MySQL 5.7.25 community 社区版。如图 1.7 所示。

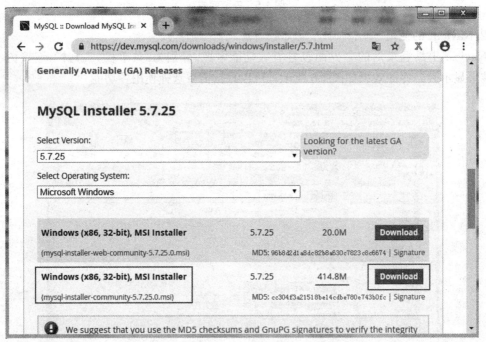

图 1.7　下载界面

（2）双击安装文件进行安装，此时会弹出 MySQL 安装向导界面，勾选"I accept the license terms"，点击"Next"。效果如图 1.8 所示。

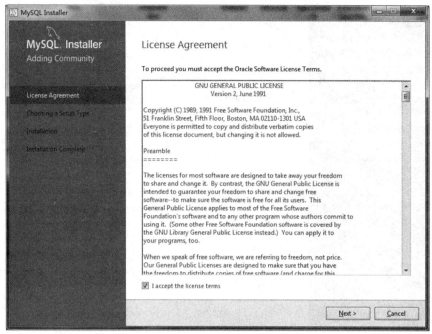

图 1.8　欢迎界面

（3）选择"Server only"即默认第二个"仅服务器（Server only）"选项，点击"Next"，界面效果如图 1.9 所示。

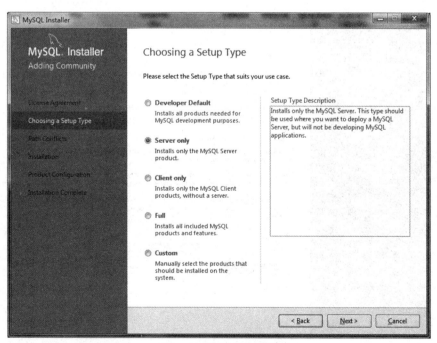

图 1.9　选择安装类型

（4）点击"Execute "按钮执行，开始安装，界面效果如图 1.10 所示。

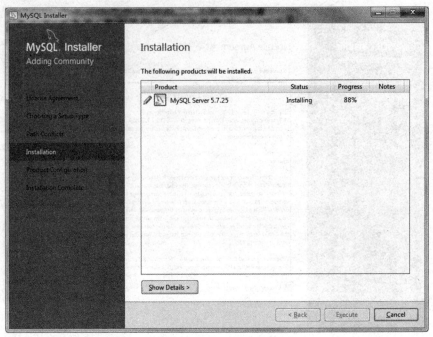

图 1.10　开始安装

（5）选择默认的"Standalone MySQL Server/Classic MySQL Replication"选项，如图 1.11 所示。在接下来的 Type and Networking 选项框中同样选择 Next 按钮。

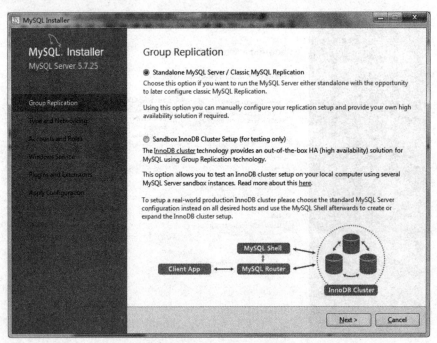

图 1.11　Group Replication 选项

（6）在 Accounts and Roles 选项框中设置 MySQL 数据库的管理员 root 用户的密码，这里设置为"123456"，界面效果如图 1.12 所示。

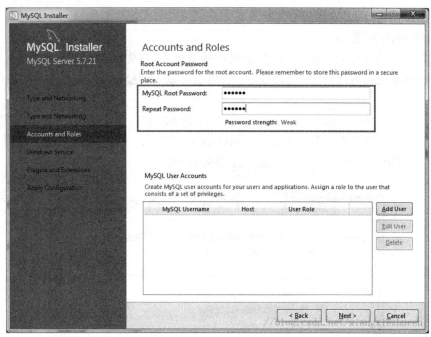

图 1.12　设置 root 用户密码

（7）在 Windows Service 选项框中直接点击"Next"按钮，直到进入图 1.13 所示界面。点击"Finish"按钮，即安装成功。

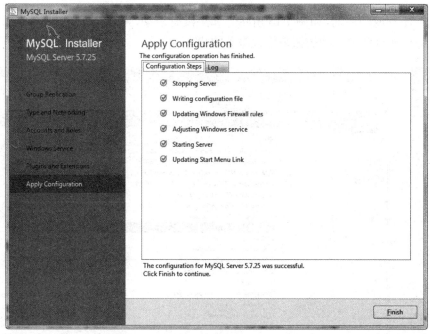

图 1.13　安装成功

第二步：MySQL 的基本配置

（1）启动 MySQL 服务

MySQL 安装成功后，此时客户端如果要连接数据库，首先需要启动服务进程。默认情况下，MySQL 安装完成后，会自动启动服务。当然也可以手动控制 MySQL 服务的启动和停止，有以下两种方式。

方法一：通过 Windows 服务管理器可以查看 MySQL 服务是否开启，首先单击"开始"→"运行"，在"运行"对话框中输入"services.msc"命令，单击确定按钮。界面效果如图 1.14 所示。也可通过控制面板打开 Windows 服务管理器。

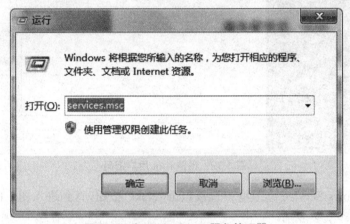

图 1.14　打开 Windows 服务管理器

MySQL 服务成功启动，如图 1.15 所示。如果没有启动，可以直接双击 MySQL 服务项打开属性对话框，通过单击启动按钮来修改服务的状态。

图 1.15　查看 MySQL 服务

方法二：运行 cmd 命令，打开命令提示符窗口，输入"net start mysql"命令来启动 MySQL 服务，同样也可输入"net stop mysql"命令来停止 MySQL 服务。效果如图 1.16 所示。

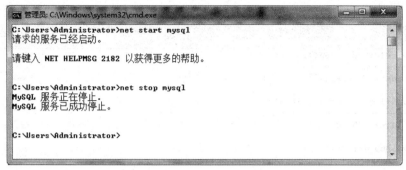

图 1.16　启动 MySQL 服务

（2）通过命令行连接 MySQL

进入命令提示符窗口，通过 MySQL 命令来登录 MySQL 数据库，命令语法格式如下：

> mysql -h< 服务器主机名 > -u< 用户名 > -p< 密码 >

参数说明：

➢ -h 用于远程登录 MySQL 服务器，如果在本机操作可省略 -h 参数。

➢ -u 表示用户名。

➢ -p 后面可以不写密码，按 Enter 键后服务器会提示输入密码。如果写密码，-p 和密码之间没有空格。

例如，使用 root 用户，密码是"123456"的身份登录到本地数据库服务器的方法如图 1.17 所示。登录成功后，可以看到 mysql> 提示符，mysql> 提示符告诉用户 MySQL 服务器已经准备好接收输入命令了。

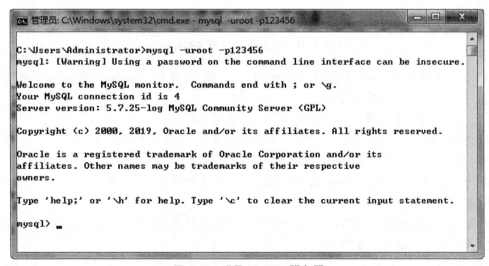

图 1.17　登录 MySQL 服务器

登录成功后,我们可以在提示符下输入 select version(),user(); 命令来查看 MySQL 的版本信息及连接的用户名,也可以输入 show databases; 命令来查看服务器中默认数据库信息。效果如图 1.18 所示。

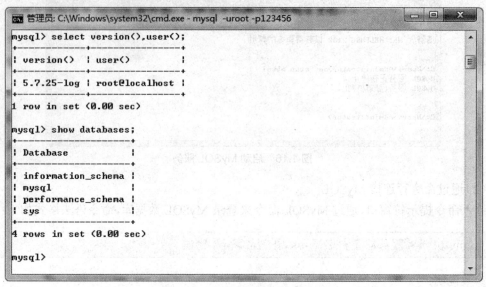

图 1.18　在控制台输入操作命令

(3)关闭 MySQL 服务器连接

成功连接服务器后,可以在 mysql> 提示符下输入 exit 或 quit 或 \q 命令断开与服务器的连接,界面效果如图 1.19 所示。

图 1.19　关闭 MySQL 服务器连接

需要注意的是,只有在成功登录 MySQL 服务器后,才能在 mysql> 提示符下正常运行 MySQL 数据库的相关操作命令。

第三步:通过图形管理工具 Navicat 连接 MySQL 服务器

启动 MySQL 服务后,通过 Navicat 工具就可以实现 MySQL 数据库的连接

(1)使用 Navicat 连接 MySQL 服务器

双击 Navicat 图标,打开 Navicat 的主界面,单击文件菜单中的"新建连接"子菜单,选择"MySQL...",界面效果如图 1.20 所示。

在弹出的"MySQL- 新建连接"对话框中正确输入连接名、端口、用户名、密码,单击"确定"进行连接,效果如图 1.21 所示。

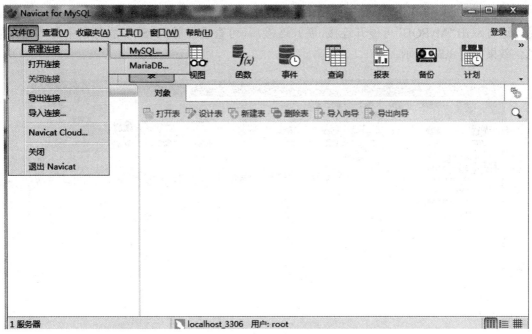

图 1.20　新建 MySQL 连接

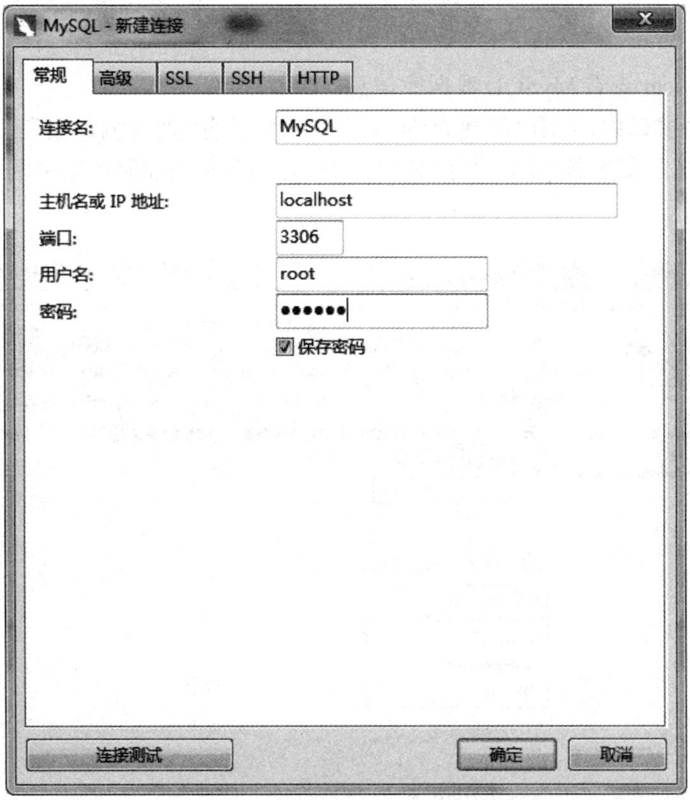

图 1.21　新建 MySQL 连接

连接成功后,可在 Navicat 主界面的左边窗格中看到刚刚创建的 MySQL 数据库连接信息。通过双击"MySQL"可展开连接,展开连接后,可查看当前 MySQL 服务器中的数据库信息。效果如图 1.22 所示。

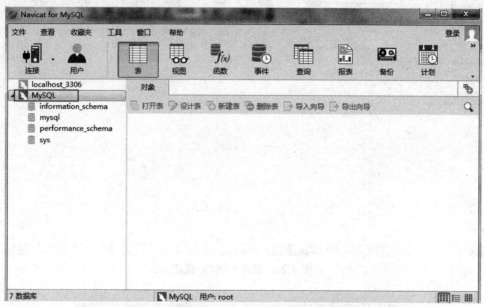

图 1.22　查看 MySQL 服务器中的数据库信息

(2)使用 Navicat 查看 MySQL 数据库信息

在 Navicat 主窗口中,点击"新建查询"按钮,在弹出的"查询编辑器"工作区中输入 SQL 语句来实现查看当前服务器中的数据库信息。例如,要查看当前服务器中的数据库信息,界面效果如图 1.23 所示。

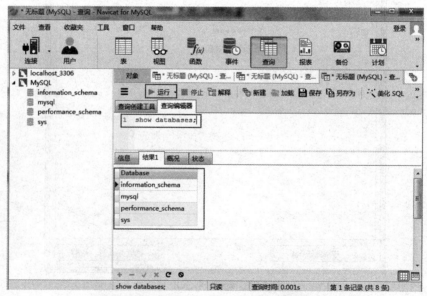

图 1.23　在 Navicat 工具中使用命令查看数据库

注意：在命令提示符窗口中，通过执行"show databases;"命令可查看数据库。当然，在图形管理工具 Navicat 中，与之前所使用的命令行连接 MySQL 服务器中的结果是一致的。

第四步：设置 MySQL 字符集

成功连接 MySQL 数据库后，进入 Windows 命令行，输入命令："show character set;"，可以查看 MySQL 数据库支持的字符集。界面效果如图 1.24 所示。

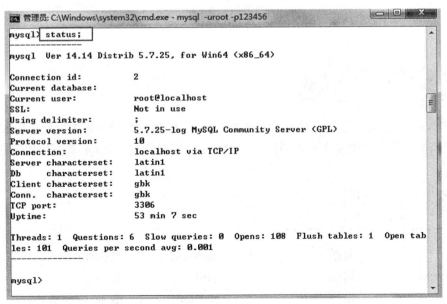

图 1.24　查看 MySQL 数据库支持字符集

设置或修改 MySQL 服务器字符集后，可以通过输入命令："status;"查看是否设置成功。界面效果如图 1.25 所示。

图 1.25　查看 MySQL 字符集

　　分别使用 set 命令将服务器、数据库、客户端、连接层的字符编码设置为 utf8。其语法格式如下：

> mysql>SET character_set_client = utf8 ; # 设置客户端来源数据使用的字符集为 utf8
>
> mysql>SET character_set_connection= utf8; # 设置连接层字符集为 utf8
>
> mysql>SET character_set_database = utf8; # 设置数据库字符集为 utf8
>
> mysql>SET character_set_server = utf8;# 设置服务器字符集为 utf8

　　设置成功后，可再次通过 status 命令查看 MySQL 服务器字符集，效果如图 1.26 所示。

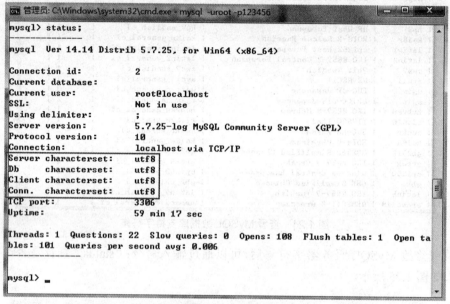

图 1.26　查看 MySQL 修改后字符集

　　通过本项目的学习，了解了数据库的基本知识以及 MySQL 数据库的发展历史和特点，具有了安装与配置数据库的基本能力，并能使用 Navicat 工具连接 MySQL 数据库服务器。

data	数据	database	数据库
information	信息	quit	退出
show	显示	version	版本
server	服务器	status	状态

一、选择题

1. SQL 语言是（　　）的语言，容易学习。

（A）过程化　　　　　（B）结构化　　　　　（C）格式化　　　　　（D）导航式

2. DBMS 的中文含义是（　　）。

（A）数据库　　　　（B）数据模型　　　　（C）数据库系统　　　（D）数据库管理系统

3. 对于 MySQL 数据库的描述，以下说法错误的是（　　）。

（A）MySQL 数据库是常用的关系型数据库管理系统

（B）MySQL 数据库系统使用结构化查询语言（SQL）对数据库进行管理

（C）MySQL 数据库系统体积小、速度快、总体拥有成本低，并且开放源代码

（D）MySQL 数据库只能在 Windows 操作系统上使用

4. DBS 的中文含义是（　　）。

（A）数据库　　　　（B）数据模型　　　　（C）数据库系统　　　（D）数据库管理系统

5. 以下不属于 SQL 语言分类的是（　　）。

（A）数据操作语言　　（B）数据控制语言　　（C）数据定义语言　　（D）MySQL 语言

二、填空题

1. MySQL 数据库的超级管理员的名称是_____。

2. 断开 MySQL 服务器的命令是_____。

3. MySQL 服务器的配置文件的文件名是_____。

4. 在 Windows 中，启动 MySQL 服务的命令是_____，停止 MySQL 服务的命令是_____。

5. MySQL 服务器工作的默认端口号是_____。

三、上机题

项目：MySQL 环境配置。

任务：

1. 在 Windows 平台中安装 MySQL。

2. 使用 Windows 系统服务管理器和命令提示符窗口分别启动 MySQL 服务。

3. 通过命令提示符窗口连接 MySQL 数据库服务器，使用命令查看 MySQL 的连接信息。

4. 安装第三方工具 Navicat for MySQL，通过 Navicat 连接 MySQL 服务器，查看当前数据库信息。

项目二　数据库设计

本项目主要介绍数据模型的概念及数据库设计的重要性与设计步骤。通过本项目的学习,能根据学生成绩管理系统的需求,完成学生成绩管理数据库的规范化设计。在任务实现过程中:

- 了解数据模型的概念
- 学习数据库的设计范式
- 掌握数据库的设计步骤
- 具有绘制 E-R 图的能力

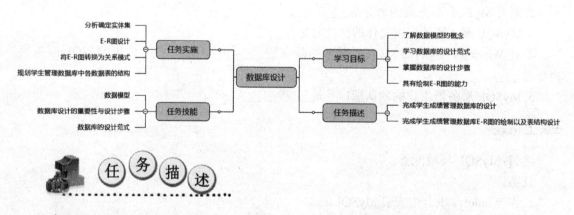

【情境导入】

如果你作为某高校数据库管理员(DBA),现需对学生成绩管理数据库进行规范的设计,完成相应的数据库及数据库表的规划,为后期的数据库与表的创建做好准备工作。

【功能描述】

- 完成学生成绩管理数据库的设计
- 完成学生成绩管理数据库 E-R 图的绘制以及表结构设计

【基本框架】

通过本项目的学习,能完成学生成绩管理数据库的设计。如图 2.1 所示。

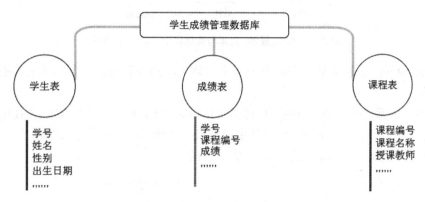

图 2.1　学生成绩管理数据库结构图

技能点 1　数据模型

数据模型是数据库系统的核心与基础,是用于描述数据与数据之间的关系、数据的语义、数据一致性的概念性工具的集合。在数据库设计中,数据模型是对现实世界的模拟和抽象,用数据模型描述数据库的结构和定义。

1. 数据模型分类

按照不同的应用层次将数据模型分为三种类型:概念数据模型、逻辑数据模型、物理数据模型。

（1）概念数据模型

概念数据模型简称概念模型,是用户容易理解的现实世界特征的数据抽象,用于建立信息世界的模型。概念模型表示方法很多,其中最为著名的是 Peter Chen 于 1976 年提出的 E-R（Entity-Relationship）模型,即实体－关系模型。E-R 图由实体、属性、关系三部分构成:

实体（Entity）:客观存在的具体事物,也可以是抽象的事件。例如,学生成绩管理系统中的学生（如张三、李四）、课程（如高等数学、大学英语）等。严格地说,实体指表中一行特定数据,但在开发时,我们也常常把整个表称为一个实体。

实体集（Entity Set）:同类实体的集合,例如全体学生、全体教师等。

属性（Atrribute）:可以理解为实体的特征。例如,"学生"这一实体的特征有姓名、性别、年龄等。

在数据库设计中,用矩形表示实体,用椭圆形表示属性,用菱形表示实体与实体之间的联系。如图 2.2 所示。

图 2.2　实体、属性、实体与实体间联系的描述方法

关系(Relationship):关系是指两个或多个实体之间的关联关系。各实体之间的关系一般有以下 3 种:

➤　一对一关系(1:1):在该关系中,对于实体集 A 中的每一个实体,实体集 B 中存在某一个实体与之关系,记为 1:1。例如,一个学生只能有一个学号,一个学号只能属于一个学生,则学生与学号之间就是一对一的关系。如图 2.3(a)所示。

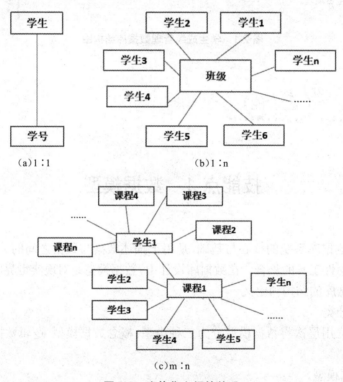

图 2.3　实体集之间的关系

➤　一对多关系(1:n):在该关系中,对于实体集 A 中的每一个实体,实体集 B 中有 n 个实体与之关系。反之,对于实体集 B 中的每一个实体,实体集 A 中将会有一个实体与之关系,记为 1:n。例如,一个班级可以有多个学生,但一个学生只能属于一个班级,则班级与学生之间的关系就属于一对多关系。如图 2.3(b)所示。

➤　多对多关系(m:n):在该关系中,对于实体集 A 中的每一个实体,实体集 B 中有 n 个实体与之关系。反之,对于实体集 B 中的每一个实体,实体集 A 中也有 m 个实体与之关系,记为 m:n。例如,一个学生可以选多门课程,反过来,一门课程也可被多个学生选修,则学生与课程之间的关系就属于多对多关系。如图 2.3(c)所示。

E-R 图：也称为"实体－关系图"，用于描述现实世界中的事物，以及事物与事物之间的关系。其中 E 表示实体，R 表示关系。它提供了表示实体类型、属性和关系的方法。

（2）逻辑数据模型

逻辑数据模型由概念模型转换得到，简称逻辑模型，是一种面向数据库系统的模型，是具体的 DBMS 所支持的数据模型，既要面向用户，又要面向系统，主要用于数据库管理系统（DBMS）的实现。逻辑模型中的相关术语如下。

字段（Field）：在数据库中，表的"列"称为"字段"，每个字段包含某一专项信息。例如在学生管理数据库中，"学号""姓名"都是表中所有行共有的属性，所以把这些列称为"学号"字段和"姓名"字段。

数据记录（Data Record）：在数据库中，数据记录是指对应于数据源中一行信息的一组完整的相关信息。例如，学生信息表中的关于某位学生的所有信息为一条数据记录。

表（Table）：由行和列组成，行对应表中的记录，列对应表中的字段。

（3）物理数据模型

物理数据模型是物理层次上的数据模型，主要描述数据在物理存储介质上的组织结构，它与具体的 DBMS 相关，也与操作系统和硬件相关。

2. 数据模型的组成要素

数据模型主要由三要素组成，分别是数据结构、数据操作及数据约束条件。

➤ 数据结构：主要用于描述系统的静态特征，是所研究对象类型的集合。这些对象是数据库的组成部分，包括数据本身及数据之间的关系。其中数据本身是指数据的类型、内容和性质等，数据之间的关系是指数据之间是如何相互关联的。

➤ 数据操作：是指对数据库中各种对象的实例允许执行的操作集合。它主要包括操作对象及有关的操作规则，主要有插入、删除、修改和检索。

➤ 数据约束条件：是指一组完整性规则的集合。完整性规则是给定数据模型中的数据及其关系所具有的制约和依存规则，用以限定符合数据模型的数据库状态及其状态的变化，以保证数据的正确、有效和相容。

3. 关系模型

在数据库系统中，数据模型通常可以分为层次模型、网状模型、关系模型三种，其中关系模型应用最为普遍。关系模型于 20 世纪 70 年代初由美国 IBM 公司的 E. F. Codd 提出，为数据库技术的发展奠定了理论基础。关系模型就是一张二维表，它由行和列组成。关系模型相关术语如下：

（1）关系（Relation）。一个关系就是一张二维表，如表 2.1 所示。

表 2.1 学生信息表

学号	姓名	性别	出生日期	联系电话	专业
190001	王成	男	1998.12.26	13323898911	软件技术
190002	张月	女	2001.7.11	15523550009	电子商务
……	……	……	……	……	……

（2）元组（Tuple）。元组也称为记录，关系表中的每行对应一个元组，组成元组的元素称为分量。例如表 2.1 中有多个元组，"190001，王成，男，1998.12.26，13323898911，软件技术"是一个元组，由 6 个分量组成。

（3）属性（Attribute）。表中的一列即为一个属性，给每个属性取一个名称为属性名。例如表 2.1 中有 6 个属性（学号，姓名，性别，出生日期，联系电话，专业）。属性的取值范围称为域。例如表 2.1 中"性别"属性的域是"男"或"女"。若关系中的某一属性或属性组的值能唯一标识一个元组，且从这个属性组中去除任何一个属性，都不再具有这样的性质，则称该属性或属性组为候选码（Candidate key）。候选码简称为码，例如表 2.1 中候选码之一为"学号"属性，如果表中"姓名"属性值没有重复的，则"姓名"属性也可以为候选码。在关系中，候选码中的属性称为主属性，不包含在任何候选码中的属性称为非主属性。

（4）主键（Primary key）。若一个关系中有多个候选码，则选定其中一个为主键。例如表 2.1 中"学号"属性为主码。

技能点 2　数据库设计的重要性与设计步骤

1. 数据库设计的重要性

也许有同学会有疑问，在项目开发和技能训练中，为什么现在要强调先设计再创建数据库及数据表呢？原因非常简单，正如房地产开发商开发一个楼盘前，需要请人设计施工图样一样，在实际的数据库项目开发中，如果系统的数据存储量较大，设计的表比较多，表和表之间的关系比较复杂，就需要首先进行规范化的数据库设计，然后进行具体的创建数据库、创建表的工作。无论是制作企业门户网站，还是桌面窗口程序，数据库设计的重要性不言而喻。如果设计不当，会存在数据库异常、数据冗余等问题，程序性能也会受到极大的影响。通过进行规范的数据库设计，可以消除不必要的数据冗余，获得合理的数据结构，提高项目的使用性能。良好的数据库设计表现在以下三个方面。

➤ 可提高系统的工作效率。
➤ 便于管理系统的进一步扩展。
➤ 使应用程序的开发变得更加容易。

2. 数据库设计的步骤

设计人员在设计数据库时，首先需要掌握数据库的设计步骤，无论数据库的大小和程序复杂度如何，在进行数据库的系统分析时，都可以参考下面的基本步骤进行数据库设计。

（1）需求分析阶段

该阶段用于分析客户的业务和数据处理需求。创建数据库之前，必须充分理解数据库需要完成的任务和功能。简单地说，就是需要了解数据库需要存储哪些信息、实现哪些功能。以学生成绩管理系统数据库为例，我们需要了解学生成绩管理系统的具体功能，以及在后台数据库中需要保存哪些数据，如以下需求：

➤ 学生入校后，需要收集学生的基本信息，如学号、姓名、性别、专业、家庭地址等。
➤ 学生上课前，为方便学生选课，需要为学生提供课程信息，如课程编号、课程名称、授课教师、学时、学分等。

➤ 学期结束后,为方便保存学生各科成绩,后台数据库需要存储学生的各科成绩信息,如学号、课程编号、成绩等。

（2）概要设计阶段

在收集需求信息后,在需求分析阶段了解客户的业务和数据处理需求后,就进入了概要设计阶段。我们需要和项目团队的其他成员及客户沟通,讨论数据库的设计是否满足客户的业务和数据处理需求。与建筑行业需要施工图一样,数据库设计也需要图形化的表达方式即E-R 图来表示。必须标识数据库要管理的关键对象或实体。实体可以是有形的事物,如学生或产品;也可以是无形的事物,如课程、成绩。在系统中标识这些实体后,与它们相关的实体就会条理清楚。以学生成绩管理系统为例,需要标识出系统中的主要实体,如下所示。

➤ 学生:包含学生的基本信息。

➤ 课程:包含课程的基本信息。

➤ 成绩:记录成绩的具体信息。

数据库中的每个不同的实体都拥有一个与其对应的表,按照以上学生成绩管理系统需求,在学生成绩管理系统数据库中会对应至少三张表,分别是学生表、课程表、成绩表。

（3）逻辑设计阶段

①分解出实体的属性

该阶段是将 E-R 图转换为多张表,进行逻辑设计,确认各表的主外键。将数据库中的主要实体标识为表的候选实体以后,就要标识每个实体存储的详细信息,也称为该实体的属性,这些属性将组成表中的列（或字段）。简单地说,就是需要细分出每个实体中包含的子成员信息。下面以学生成绩管理系统为例,分解出每个实体的子成员信息。

➤ 学生（学号,姓名,性别,出生日期,专业,联系电话,家庭住址等）。

➤ 课程（课程编号,课程名称,授课教师,课程类型,学时,学分等）。

➤ 成绩（学号,课程编号,课程名称,成绩等）。

②标识实体之间的关系

关系型数据库有一项非常强大的功能,即它能够关联数据库中各个项目的相关信息。不同类型的信息可以单独存储,但是如果需要,数据库引擎还可以根据需要将数据组合起来。在设计过程中,要标识实体之间的关系,首先需要分析数据库表,确定这些表在逻辑上是如何相关的,然后添加关系建立起表之间的连接。以学生成绩管理系统为例,课程与成绩有主从关系,我们需要在成绩实体中标明其对应的课程号。

技能点 3　数据库的设计范式

在进行数据库设计时,有一些专门的规则,称为数据库的设计范式。遵守这些规则,将创建设计良好的数据库。数据库设计的三大范式理论分别为:第一范式、第二范式、第三范式。

1. 第一范式

第一范式（First normal Form, 1NF）的目标是确保每列的原子性。如果每列（或者每个属性值)都是不可再分的最小数据单元(也称为最小的原子单元),则满足第一范式。

例如,学生基本信息表(学号,姓名,性别,出生日期,专业,课程,授课老师等),主键为"学号",其他列全部依赖于主键列。

如果业务需求中不需要再拆分各列,则该表已经符合第一范式。

2. 第二范式

第二范式(Second normal form,2NF)在第一范式的基础上更进一层,其目标是确保表中的每列都和主键相关。如果一个关系满足第一范式(1NF),并且除了主键以外的其他列都全部依赖于该主键,则满足第二范式(2NF)。

例如,在学生基本信息表(学号,姓名,性别,出生日期,专业,课程,授课老师等)中,如果需要将"课程"列拆分为课程编号、课程名称、课程类型等信息时,以上各列并没有完全依赖于主键"学号"列,违背了第二范式的规定。所以需使用第二范式的原则对学生信息表进行规范化之后分解成以下两个表。

学生信息表(学号,姓名,性别,出生日期,专业等),主键为"学号",其他列全部依赖于主键列。

课程信息表(课程编号、课程名称、课程类型、学时等),主键为"课程编号",其他列全部依赖于主键列。

3. 第三范式

第三范式(Third normal form,3NF)在第二范式的基础上更进一层,第三范式的目标是确保每列都和主键列直接相关,而不是间接相关。如果一个关系满足第二范式(2NF),并且除了主键以外的其他列都只能依赖于主键列,列和列之间不存在相互依赖关系,则满足第三范式(3NF)。

例如,如果要表示某个学生的各门课程的成绩信息,则需要再分解一个成绩表出来。

成绩表(学号,课程编号,成绩),主键为"学号"+"课程编号"属性组,其他列全部依赖于主键列。

技能点 4　数据表结构

数据表结构是指对数据的数据项、数据结构、数据流、数据存储、处理逻辑等进行定义和描述,其目的是对数据流程图中的各个元素做出详细的说明。简而言之,数据表结构是描述数据的信息集合,是对系统中使用的所有数据元素的定义的集合。

表结构最重要的用途是对于冗杂的数据信息进行分类划分并查询。在结构化分析中,数据表结构的作用是给数据流图上每个成分加以定义和说明。换句话说,数据流图上所有的成分的定义和解释的文字集合就是数据表结构,而且在数据表结构中建立的一组严密一致的定义,有助于改进分析员和用户的通信。

完成学生管理数据库设计,学生成绩管理系统需存储的数据包括学生的基本信息、选课信息、成绩信息等。其中,学生基本信息包括学号、姓名、性别、出生日期、专业、联系电话、家庭住址等;学生选课信息包括课程编号、课程名称、授课教师、课程类型、学时、学分等;成绩信息包括学号、课程编号、成绩等。

如何绘制学生管理数据库的 E-R 图呢? 在实际应用中,用户可采用 Microsoft Visio 工具或者其他绘图工具通过以下四个步骤的操作,实现学生管理数据库设计。

其绘制的步骤如下:

第一步:分析确定实体集

在学生管理数据库中有三个实体集,分别是学生、课程、成绩。学生进行选课时,学生信息与课程信息关联,学生考试结束形成课程成绩,这时课程信息与成绩信息关联。

学生实体集(student)的属性有:学号、姓名、性别、出生日期、专业、联系电话、家庭住址。其中,用学号来唯一标识各学生信息,主键为学号。

课程实体集(course)的属性有:课程编号、课程名称、授课教师、课程类型、学时、学分。其中,用课程编号来唯一标识各课程信息,课程编号为主键。

成绩实体集(score)的属性有:学号、课程编号、成绩。其中,一个学生的学号可对应多门课程的成绩,而一门课程也有可能对应多个学生选修的成绩。

第二步:E-R 图设计

根据以上分析画出学生成绩管理系统数据库 E-R 图,如图 2.4 所示。

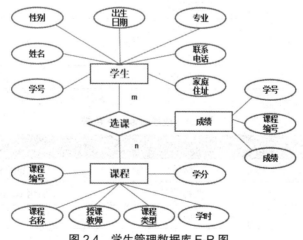

图 2.4　学生管理数据库 E-R 图

第三步:将 E-R 图转换为关系模式

学生表(student):学号、姓名、性别、出生日期、专业、联系电话、家庭住址。其中,用学号来唯一标识各学生信息,主键为学号。

课程表(course):课程编号、课程名称、授课教师、课程类型、学时、学分。其中,用课程编号来唯一标识各课程信息,主键为课程编号。

　　成绩表（score）：学号、课程编号、成绩。其中，一个学生的学号可对应多门课程编号的成绩，而一个课程编号也有可能对应多个学生的成绩。

　　第四步：规划学生管理数据库中各数据表的结构

　　通过以上的步骤分析，已经可以确定学生管理数据库中所需包含的 3 个表的各字段信息。具体表结构如表 2.2 至表 2.4 所示。

表 2.2　学生表 student 结构

字段名	字段说明	备注
stuNo	学号	
name	姓名	
sex	性别	值为"男"或"女"
birthday	出生日期	
spec	专业	
phone	联系电话	
address	家庭住址	地址不详

表 2.3　课程表 course 结构

字段名	字段说明	备注
couNo	课程编号	
couName	课程名称	
teacher	授课教师	
type	课程类型	
hours	学时	
credit	学分	

表 2.4　成绩表 score 结构

字段名	字段说明	备注
stuNo	学号	引用 student 表主键
couNo	课程编号	引用 course 表主键
result	成绩	

任　务　总　结

　　通过对本项目的学习，掌握了在数据库设计中设计数据库的基本步骤，以及绘制 E-R 图的方法,并能通过 E-R 图确定各表的结构以及各表之间的关系,为后期的数据库及表的创建做好了铺垫。

entity	实体	attribute	属性
relationship	关系	student	学生
course	课程	score	成绩
record	记录	field	字段

一、选择题

1. 在数据库设计中,需要绘制 E-R 图的是(　　　)。

（A）物理设计阶段　　　　　　　　（B）概念设计阶段

（C）逻辑设计阶段　　　　　　　　（D）需求分析阶段

2. 概念阶段设计是(　　　)。

（A）数据库系统

（B）数据模型

（C）一个与数据库管理系统相关的概念模式

（D）数据库管理系统

3. 以下不属于数据模型分类的是(　　　)。

（A）逻辑模型　　　　（B）概念模型　　　（C）物理模型　　　（D）数学模型

4. E-R 图绘制的三要素是(　　　)。

（A）实体、属性、关系　　　　　　（B）实体、实体集、属性

（C）实体、码、主码　　　　　　　（D）码、属性、元组

5. 关系模型中关系模式至少是(　　　)。

（A）1NF　　　　　　（B）2NF　　　　　　（C）3NF　　　　　　（D）BCF

二、填空题

1. 在 MySQL 的数据类型中,定长字符串类型用＿＿＿＿＿＿表示,变长字符串类型用＿＿＿＿＿＿表示。

2. 在数据库的规范化设计中,第＿＿＿＿＿＿范式的目标是确保每列都和主键列直接相关,而不是间接相关。

3. 在现实世界中客观存在并能相互区别的事物称为＿＿＿＿＿＿,这些事物的特征称

为＿＿＿＿＿＿。

4. 在绘制 E-R 图时,实体用＿＿＿＿＿＿表示,属性用＿＿＿＿＿＿表示,关系用 ＿＿＿＿＿＿表示。

5. 两个实体之间的关系通常有 3 种＿＿＿＿＿＿、＿＿＿＿＿＿、＿＿＿＿＿＿。

三、上机题

项目:网上书城数据库 E-R 图设计。

网上书城数据库中各个实体的属性如下表所示,请完整画出网上书城数据库的 E-R 图,并设计出数据库中各表的结构。

图书	会员	订单
图书编号,图书名称,作者,ISBN 号,出版社,出版日期,单价,库存	会员编号,会员姓名,密码,性别,会员邮箱,联系电话,注册时间,收货地址	订单号,会员编号,图书编号,订购数量,订购时间,订单状态,发货时间

项目三 数据定义

本项目主要介绍数据库及数据表的创建方法,以及表约束的使用方法。通过本项目的学习,能根据数据库的设计方案完成数据库及数据表的创建,并能完成数据表的相关约束设置。在任务实现过程中:

- 了解什么是 SQL 语言
- 学习数据表的约束
- 掌握数据库与数据表的创建方法
- 具有使用 Navicat 工具完成数据定义的能力

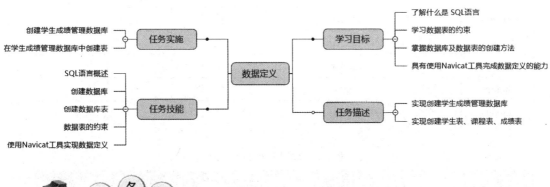

【情境导入】

如果你作为某高校数据库管理员(DBA),须按照数据库设计方案完成数据库及相应数据表的创建,以保证学生成绩管理系统能够正常的运行,为下一步的数据入库做好准备工作。

【功能描述】
● 实现创建学生成绩管理数据库
● 实现创建学生表、课程表、成绩表

【基本框架】

通过本项目的学习,实现学生成绩管理数据库 mystudent 的创建以及学生表 student、课程表 course、成绩表 score 的创建。数据表结构如表 3.1 至表 3.3 所示。

表 3.1 学生表 student 结构

字段名	字段说明	数据类型	长度	允许为空	约束	备注
stuNo	学号	char	10	不允许	主键	
name	姓名	varchar	50	不允许		
sex	性别	char	2	允许		值为"男"或"女"
birthday	出生日期	date		允许		
spec	专业	varchar	30	允许		
phone	联系电话	varchar	11	允许		
address	家庭住址	varchar	255	允许	默认约束	地址不详

表 3.2 课程表 course 结构

字段名	字段说明	数据类型	长度	允许为空	约束	备注
couNo	课程编号	char	10	不允许	主键	
couName	课程名称	varchar	50	不允许	唯一约束	
teacher	授课教师	varchar	50	允许		
type	课程类型	varchar	20	允许		
hours	学时	int		不允许		
credit	学分	int		允许		

表 3.3 成绩表 score 结构

字段名	字段说明	数据类型	长度	允许为空	约束		备注
stuNo	学号	char	10	不允许	主键	外键	引用 student 表主键
couNo	课程编号	char	10	不允许		外键	引用 course 表主键
result	成绩	int		允许			

技能点 1　SQL 语言概述

1. 什么是 SQL

结构化查询语言 SQL（Structured Query Language）是最重要的关系数据库操作语言，经过多年的发展，SQL 语言已成为关系数据库的标准语言。

SQL 语言不同于 Java、Python 等程序设计语言，它是只能被数据库识别的指令，但在程序设计中，可以利用其他编程语言组织 SQL 语句发送给数据库，数据库再执行相应的操作。

2. SQL 的组成

根据功能划分，SQL 语言主要由以下四个部分组成。

➤ DML(Data Manipulation Language，数据操纵语言)：用来插入、修改和删除数据库中的数据，主要包括 INSERT、UPDATE、DELETE 命令。

➤ DDL(Data Definition Language，数据定义语言)：用来建立数据库、建立表等，主要包括 CREATE DATABASE、CREATE TABLE 等。

➤ DQL(Data Query Language，数据查询语言)：用来对数据库中的数据进行查询，使用 SELECT 命令完成查询。

➤ DCL(Data Control Language，数据控制语言)：用来控制数据库组件的存取许可、存取权限等，主要包括 GRANT、REVODE 命令。

技能点 2　创建数据库

1. 创建数据库

提到数据库存储，首先想到的是要创建一个数据库，并在这个数据库中进行相关信息的保存。其创建数据库的语法格式为"create database 数据库名 ;"。

创建 mystudent 数据库，在命令框中输入"create database mystudent;"并回车，若命令行提示"Query OK, 1 row affected (0.00 sec)"，则创建数据库成功。效果如图 3.1 所示。

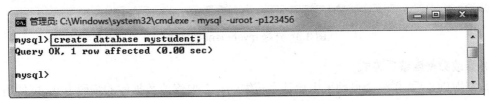

图 3.1　创建数据库 mystudent

在 MySQL 中,以英文半角分号(;)作为一条命令的结束符,命令不区分大小写。SQL 语句执行完后显示"Query OK",表示执行成功。

注意:在 MySQL 中,所有命令均以分号";"结束,只有极少数命令可以省略分号。

2. 查看数据库

数据库创建成功后,需要查看当前系统中存在哪些数据库。其查看数据库的语法格式为"show databases;"。

查看数据库,在命令框中输入"show database;"并回车,查看当前系统中所有数据库,效果如图 3.2 所示。

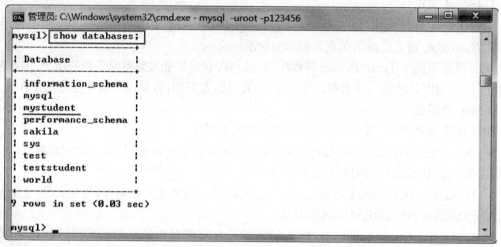

图 3.2 查看数据库信息

从图 3.2 可以看出,除创建的 mystudent 数据库以外,另外显示的数据库是在 MySQL 安装完成后由系统自动创建的。其中 mysql 数据库主要负责存储数据库用户、权限设置等控制和管理信息。

3. 选择数据库

在 MySQL 中,数据是存放在数据库表中的,在对数据进行操作之前,需要选择该表所在的数据库。其选择数据库的语法格式为"use 数据库名 ;"。

选择 mystudent 数据库,在命令框中输入"use mystudent;"并回车,若命令行提示"Database changed",则选择数据库成功。效果如图 3.3 所示。

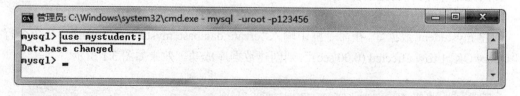

图 3.3 选择 mystudent 数据库

4. 修改数据库编码方式

数据库创建后,系统会自动采用默认字符编码。若要修改数据库的编码方式,可使用 AL-

TER DATABASE 语句。其修改数据库编码方式的语法格式为"alter database 数据库名 default character set 编码方式 collate 编码方式 _bin;"

修改 mystudent 数据库编码方式为"utf8"，在命令框中输入以下命令：

> alter database mystudent default character set utf8 collate utf8_bin;

若命令行提示"Query OK, 1 row affected (0.00 sec)"，则修改数据库编码成功。效果如图 3.4 所示。

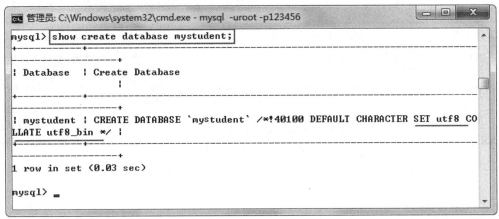

图 3.4　修改 mystudent 数据库编码

修改数据库编码完成后，可以通过"show create database 数据库名 ;"来查看修改结果，效果如图 3.5 所示。

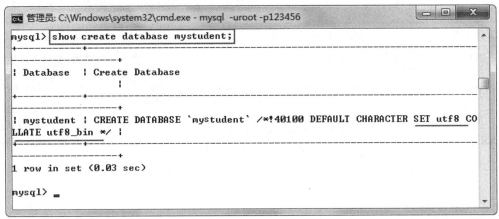

图 3.5　查看 mystudent 数据库编码

5. 删除数据库

数据库创建后，若要删除某个数据库，可使用 drop database 语句。其删除数据库的语法格式为"drop database 数据库名 ;"。

假若系统中现存在一个名为 testdb 数据库，若要删除 testdb 数据库，可在命令框中输入"drop database testdb;"并回车，效果如图 3.6 所示。

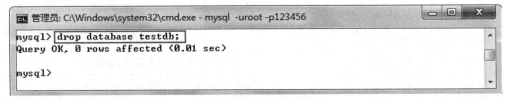

图 3.6　删除数据库 testdb

注意:执行删除数据库命令时,数据库必须已经存在,否则会提示删除错误信息。但删除数据库的操作一定要十分谨慎。

技能点 3　创建数据表

1. 数据类型

在进行数据库设计时,为表的各字段列选择合适的数据类型对数据库的设计非常重要。MySQL 支持多种数据类型,最常用的包括以下三类:数值型、字符串型、日期时间型。

(1)数值型

数值型是指可以参与算术运算的类型,它可以分为整型和浮点型,其中浮点型又包括单精度浮点型和双精度浮点型。例如,学生的年龄可以设置为整型,而学生的成绩就需要设置为浮点型。表 3.4 列出了 MySQL 中常用的数值类型。

表 3.4　常用数值类型

数据类型	字节数	范围	用途
TINYINT	1	有符号值:-128~127	用于表示小整数值,如年龄
INT	4	有符号值:-2^{31}~$2^{31}-1$	用于表示大整数值,如学生人数
FLOAT	4	有符号值:-3.402823466E+38~1.175494351E+38	用于表示单精度浮点数值,浮点数即小数,如成绩
DOUBLE	8	有符号值:-1.7976931348623157E+308 ~2.2250738585072014E+308	表示双精度浮点数值。与单精度浮点数的主要区别是双精度型表示范围更大,如科学计算

(2)字符串型

字符串类型用于保存一系列的字符,这些字符在使用时采用单引号或双引号括起来。例如学生的姓名、专业名称、家庭住址都属于字符串类型。表 3.5 列出了 MySQL 中常用的字符串类型。

表 3.5　常用字符串类型

数据类型	大小	使用说明
CHAR	0~255 字符	表示固定长度字符串
VARCHAR	0~65536 字符	表示可变长度字符串,该类型使用较为普遍
TINYTEXT	0~255 字节	表示短文本字符串
TEXT	0~65535 字节	表示长文本数据,如日志、备注等
BLOB	0-65535 字节	二进制形式的长文本数据,用于存储图片信息

（3）日期时间型

用于保存日期或时间的数据类型，通常可以分为日期类型、时间类型和日期时间型。例如，学生的出生日期则可定义为日期类型，快递的发货时间则可定义为日期时间型。表 3.6 列出了 MySQL 中常用的日期时间类型。

表 3.6　常用数值类型

数据类型	字节数	格式
YEAR	1	年份值，YYYY，如 2019
DATE	4	日期值，YYYY-MM-DD，如 2019-06-01
TIME	3	时间值，HH:MM:SS，如 12:30:22
DATETIME	8	混合日期和时间值，YYYY-MM-DD HH:MM:SS，如 2019-06-01 12:30:22
TIMESTAMP	4	混合日期和时间值，时间戳，1970-01-01 00:00:00/2038（该类型的取值必须在 1970 年~2038 年之间）

2. SQL 中的运算符

在 MySQL 中，运算符就是参与运算的一系列符号，用来进行变量或者表达式之间的算术或比较等运算。在 SQL 中常用的运算符包括算术运算符、比较运算符和逻辑运算符。

➢　算术运算符包括：+（加）、−（减）、*（乘）、/（除）、%（取模）5 个。如表 3.7 所示。

表 3.7　算术运算符

运算符	用法说明
+	加法运算，求两个变量或表达式的和
−	减法运算，求两个变量或表达式的差
*	乘法运算，求两个变量或表达式的积
/	除法运算，求两个变量或表达式的商
%	取模运算，求两个变量或表达式相除的余数，如 5%2 的值为 1

➢　比较运算符用来比较两个变量或表达式的大小关系，如表 3.8 所示。比较运算符的运算结果为逻辑值 true 或 false。

表 3.8　比较运算符

运算符	用法说明
>	大于，如 3>2，值为 true
<	小于，如 3<2，值为 false
=	等于，如 3=2，值为 false
>=	大于等于，如 3>=2，值为 true

运算符	用法说明
<=	小于等于,如 3<=2,值为 false
<>	不等于,如 3<>2,值为 true

➤ 逻辑运算符用来对某个条件进行判断,以获得一个真或假的值,真用 TRUE 表示,假用 FALSE 表示。如表 3.9 所示。

表 3.9 逻辑运算符

运算符	用法说明
NOT 或 !	非运算或取反运算,如:!（成绩 <60）,表示所有成绩大于等于 60 的学生
AND 或 &&	与运算,如:成绩 >=80 && 成绩 <=100,表示所有成绩 80 至 100 分的学生
OR 或 ||	或运算,如:成绩 >=80 || 成绩 <60,表示成绩大于等于 80 或成绩小于 60 的学生

3. 创建数据表

在建立了数据库之后,须按照分类进行数据库表的创建以及数据的存储。其创建数据表的语法格式为:

```
create table 数据表名 (
字段 1 数据类型,
字段 2 数据类型,
……
字段 n 数据类型
);
```

参数说明:
➤ 数据表名:是需要创建的数据表的名字。
➤ 字段名:是指数据表中的列名。
➤ 数据类型:是指表中列的类型,用于指定可以存储指定类型格式的数据。

在学生成绩管理数据库 mystudent 中创建一个用于存储学生信息的学生表 student。其表结构如表 2.8 所示。创建学生表 student 的 SQL 语句如示例代码 3-1 所示:

```
示例代码 3-1
create table student
(
stuNo char(10),
name varchar(50),
sex char(2),
```

```
birthday date,
spec varchar(30),
phone varchar(11),
address varchar(255)
);
```

创建 student 数据表，在命令框中输入上述命令并回车，效果如图 3.7 所示。

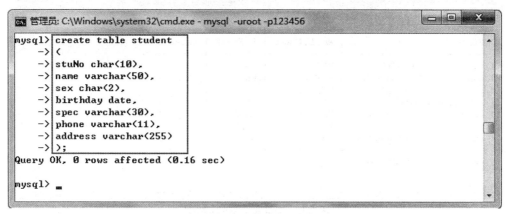

图 3.7　创建学生表 student

注意：在 MySQL 中，在录入操作命令时，所有的符号均应使用英文半角字符，如小括号、逗号、单引号或双引号等。另外，在命令提示符窗口中输入命令时，由于部分命令比较长，在输入时可以用回车键进行换行，换行之后的命令系统会识别为同一条命令。命令换行之后会在命令行上显示符号"->"。

4. 查看数据表

数据表创建之后，用户可以对表的创建信息进行查看，如查看所有表、查看表结构、查看表的定义等。

（1）查看所有表

创建完数据表之后，如果需要查看该表是否已经成功创建，可以在指定的数据库中使用查看表的 SQL 命令。其查看数据表的语法格式为"show tables;"。

查看数据库中的数据表，在命令框中输入"show tables;"命令并回车查看数据表，效果如图 3.8 所示。

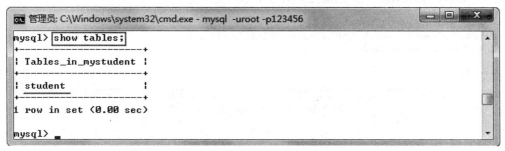

图 3.8　查看数据库中的表

（2）查看指定表的结构信息

拥有了数据表之后，如果需要查看数据表的结构信息，可以在指定的数据库中使用查看指定表表结构信息的 SQL 命令。其查看指定表的结构信息的语法格式为"describe 表名 ;"，通常简写为"desc 表名 ;"

在学生成绩管理数据库 mystudent 中，要查看学生表 student 的结构信息，在命令框中输入"desc student"命令并回车，效果如图 3.9 所示。

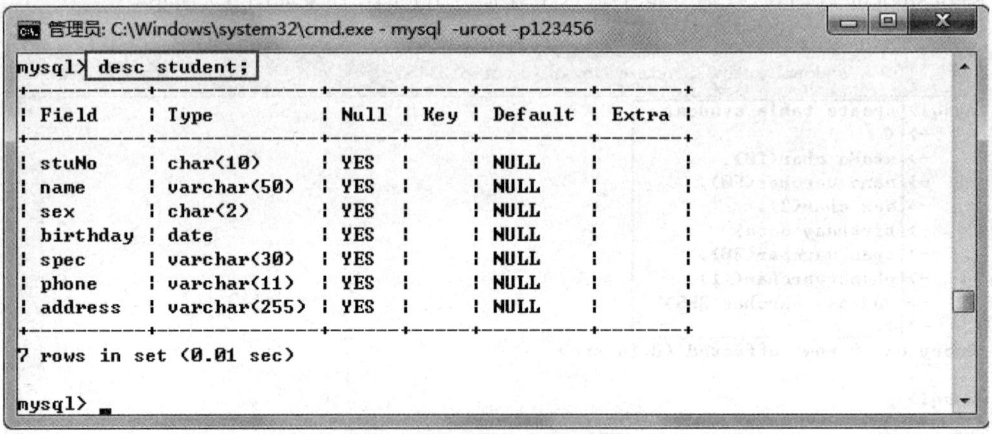

图 3.9 查看 student 表结构

（3）查看指定表的定义信息

如果需要查看数据表的定义信息，可以在指定的数据库中使用查看表定义信息的 SQL 命令。其查看表定义信息的语法格式为"show create table 数据表名 ;"。

在学生成绩管理数据库 mystudent 中，要查看学生表 student 的定义信息，在命令框中输入"show create table student\G"命令并回车，效果如图 3.10 所示。

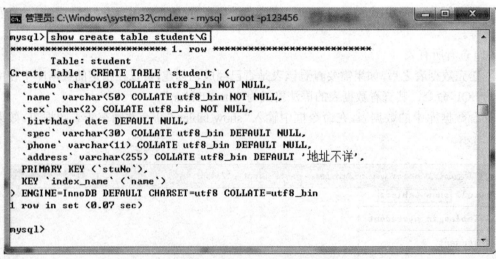

图 3.10 查看 student 表定义信息

5. 修改数据表

数据表创建之后,用户可以对表的结构信息进行修改,如修改表名、修改字段名、修改字段类型、添加字段、删除字段等。对表结构的修改可以通过执行 SQL 语句"alter table"来实现。

（1）修改表名

如果需要修改数据表的名字,其语法格式为:

> alter table 旧表名 rename 新表名 ;

在学生成绩管理数据库 mystudent 中,将 student 表的表名改为 tb_student,其 SQL 语句如示例代码 3-2 所示:

> 示例代码 3-2
>
> alter table student rename tb_student;

执行上述命令,可将 student 表的表名修改为 tb_student,效果如图 3.11 所示。

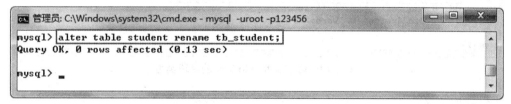

图 3.11　将 student 表名更改为 tb_student

（2）修改字段名

如果需要修改数据表的字段名,其语法格式为:

> alter table 表名 change 旧字段名 新字段名 新数据类型 ;

在学生成绩管理数据库 mystudent 中,将 tb_student 表的字段名 name 修改为 stuName,数据类型及长度均不变,其 SQL 语句如示例代码 3-3 所示:

> 示例代码 3-3
>
> alter table tb_student change name stuName varchar(50);

执行上述命令可成功将 tb_student 表的字段名 name 修改为 stuName,效果如图 3.12 所示。

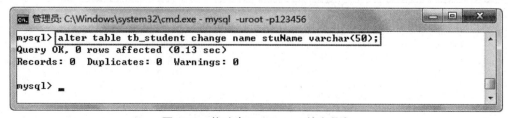

图 3.12　修改表 tb_student 的字段名

（3）修改字段类型

如果需要修改数据表的字段类型，其语法格式为：

> alter table 表名 modify 字段名 新数据类型；

在学生成绩管理数据库 mystudent 中，将 tb_student 表的 stuNo 字段的数据类型由 char(10) 改为 varchar(10)，其 SQL 语句如示例代码 3-4 所示：

> 示例代码 3-4
>
> alter table tb_student modify stuNo varchar(10);

执行上述命令可成功将 tb_student 表的字段名 stuNo 的数据类型修改为 varchar(10)，效果如图 3.13 所示。

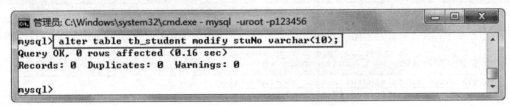

图 3.13　修改表 tb_student 的字段类型

（4）添加字段

如果需要向数据表中添加一个新的字段，其语法格式为：

> alter table 表名 add 新字段名 数据类型 [FIRST|AFTER 已经存在的字段名];

参数说明：

➢ 新字段名：表示新添加的字段名称。

➢ FIRST：是可选参数，用于将新添加的字段设置为表的第一个字段。

➢ AFTER 已经存在的字段名：用于将新添加的字段添加到指定字段的后面。如不指定位置，则默认将新字段添加到表的最后一列。

在学生成绩管理数据库 mystudent 中，在 tb_student 表中添加一个新字段政治面貌 politics，其类型及长度为 varchar(20)。其 SQL 语句如示例代码 3-5 所示：

> 示例代码 3-5
>
> alter table tb_student add politics varchar(20);

执行上述命令可在 tb_student 表中添加新字段 politics，效果如图 3.14 所示。

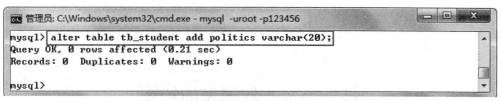

图 3.14　在表中 tb_student 添加一个新字段

（5）删除字段

如果需要在数据表中删除一个字段，其语法格式为：

> alter table 表名 drop 字段名；

在学生成绩管理数据库 mystudent 中，在 tb_student 表中删除一个字段 politics，其 SQL 语句如示例代码 3-6 所示：

> 示例代码 3-6
>
> alter table tb_student drop politics;

执行上述命令可在 tb_student 表中删除字段 politics，效果如图 3.15 所示。

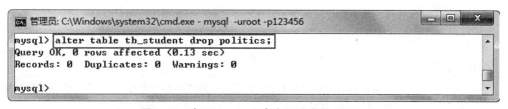

图 3.15　在 tb_student 表中删除字段 politics

6. 删除数据表

删除数据表是指删除数据库中已存在的表，同时，如果该表中已经有记录，那么该表中的记录也会一并被删除。其在数据库中删除一个表的语法格式为"drop table 表名；"。

在学生成绩管理数据库 mystudent 中，删除 tb_student 表，其 SQL 语句如示例代码 3-7 所示：

> 示例代码 3-7
>
> drop table tb_student;

执行上述命令删除 tb_student 表，效果如图 3.16 所示。

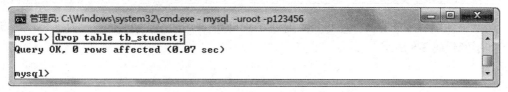

图 3.16　删除 tb_student 表

注意：在执行删除 drop table 语句后，表将会从数据库中删除，在实际应用中一定要谨慎使用。

技能点 4　数据表的约束

约束的目的是保证数据库中数据的完整性与一致性。在 MySQL 中，常见的数据库表的约束如表 3.10 所示。

表 3.10　MySQL 中数据库表的常用约束

约束名称	含义及功能
主键约束 PRIMARY KEY	主键，又称为主码，一个表中只允许有一个主键，能够唯一地标识表中的一条记录。主键约束要求主键字段中的数据唯一，不允许为空。
外键约束 FOREIGN KEY	外键约束是在两个表之间建立关联。关联指的是在关系数据库中，相关表之间的联系。一个表可以有一个或多个外键，外键字段中的值允许为空，若不为空值，则每一个外键值必须等于另外一个表中主键的某个值。
非空约束 NOT NULL	非空约束指字段的值不能为空。在同一个数据库表中可以定义多个非空字段。
唯一约束 UNIQUE	唯一约束要求该列值唯一，不能重复。
默认约束 DEFAULT	在用户插入新的数据行时，如果没有为该列指定数据，那么系统会自动将默认值赋给该列，默认值可以是空值 (NULL) 或者自行指定。

1. 主键约束

主键约束是指在表中定义一个主键来唯一确定表中每一行数据的标识符。通常，表具有一列或多列，列的值唯一地标识表中的每一行，此列或多列就称为主键。由两列或更多列组成的主键称为复合主键。

（1）单字段主键

单字段主键指为数据库中的表指定主键时为一个单独的字段。

①创建表时指定主键

在创建数据表时，可以为数据表指定单字段主键。其指定单字段主键的语法格式为：

```
字段名 数据类型 primary key;
```

在学生成绩管理数据库 mystudent 中创建 student 表，并设置 stuNo 字段为主键。其 SQL 语句如示例代码 3-8 所示：

示例代码 3-8

```
create table student
(
stuNo char(10) primary key,
name varchar(50),
sex char(2),
birthday date,
spec varchar(30),
phone varchar(11),
address varchar(255)
);
```

在命令框中输入上述命令并回车，效果如图 3.17 所示。

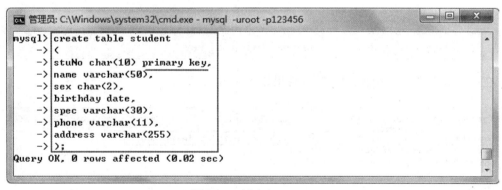

图 3.17 创建表 student

②删除主键

若要删除某个表的主键，其删除主键的语法格式为：

alter table 表名 drop primary key;

在学生成绩管理数据库 mystudent 中，将 student 表的 stuNo 字段的主键删除。其 SQL 语句如示例代码 3-9 所示：

示例代码 3-9

alter table student drop primary key;

在命令框中输入上述命令并回车，效果如图 3.18 所示。

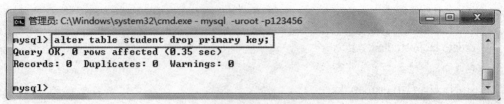

图 3.18　删除 student 表主键

③为已经存在的表添加主键

在创建数据表时,如果没有设置主键,也可以在后期为数据表指定主键。其指定主键的语法格式为:

> alter table 表名 modify 字段名 数据类型 primary key;

在学生成绩管理数据库 mystudent 中,将为已存在的 student 表的 stuNo 字段设置为主键。其 SQL 语句如示例代码 3-10 所示:

> 示例代码 3-10
>
> alter table student modify stuNo char(10) primary key;

在命令框中输入上述命令并回车,效果如图 3.19 所示。

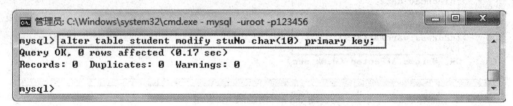

图 3.19　设置表 student 主键

(2)复合主键

当一个字段无法确定唯一性的时候,需要其他字段来一起形成唯一性。用来组成唯一性的字段如果有多个就是复合主键。

①创建表时指定复合主键

语法格式如下:

> primary key(字段名 1,字段名 2,……,字段名 n);

在学生成绩管理数据库 mystudent 中,创建一个 score 表,设置 stuNo 和 couNo 字段为复合主键。其 SQL 语句如示例代码 3-11 所示:

> 示例代码 3-11
>
> create table score
>
> (

```
stuNo char(10),
couNo char(10),
result int,
primary key(stuNo,couNo)
);
```

在命令框中输入上述命令并回车,效果如图 3.20 所示。

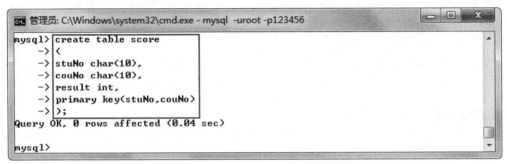

图 3.20 设置 score 表复合主键

③删除复合主键

语法格式如下:

```
alter table 表名 drop primary key;
```

在学生成绩管理数据库 mystudent 中,若要将 score 表的复合主键删除,其 SQL 语句如示例代码 3-12 所示:

示例代码 3-12

```
alter table score drop primary key;
```

在命令框中输入上述命令并回车,效果如图 3.21 所示。

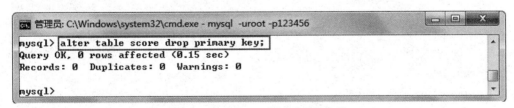

图 3.21 为 score 表删除复合主键

②为已经存在的表添加复合主键

语法格式如下:

```
alter table 表名 add primary key (字段名 1,字段名 2……,字段名 n);
```

在学生成绩管理数据库 mystudent 中,在已存在的 score 表中将 stuNo 和 couNo 字段设置为复合主键。其 SQL 语句如示例代码 3-13 所示：

> 示例代码 3-13
>
> alter table score add primary key(stuNo,couNo);

在命令框中输入上述命令并回车，效果如图 3.22 所示。

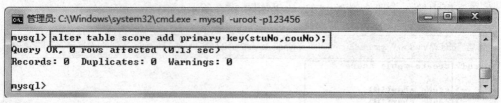

图 3.22　为 score 表添加复合主键

2. 外键约束

如果公共关键字在一个关系中是主关键字，那么这个公共关键字被称为另一个关系的外键。由此可见，外键表示了两个关系之间的相关联系。以另一个关系的外键作为主关键字的表被称为主表，具有此外键的表被称为主表的从表。外键又称作外关键字。

（1）创建表时添加外键约束

语法格式如下：

> constraint 外键名 foreign key (外键字段) references 关联表名 (关联字段);

在学生成绩管理数据库 mystudent 中，对于学生表 student 和成绩表 score，学生表 student 的主键为 stuNo，成绩表 score 的主键为 stuNo 和 couNo 字段的复合主键。现需在成绩表 score 上设置 stuNo 字段为外键，其 SQL 语句如示例代码 3-14 所示：

> 示例代码 3-14
>
> ```
> drop table score;
> create table score
> (
> stuNo char(10),
> couNo char(10),
> result int,
> primary key (stuNo,couNo),
> constraint fk_student_score1 foreign key(stuNo) references student(stuNo)
> );
> ```

在命令框中输入上述命令并回车，效果如图 3.23 所示。

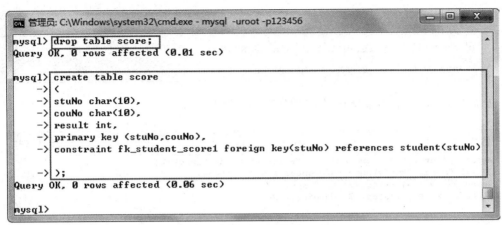

图 3.23　为 score 表添加外键

（2）删除外键约束

语法格式如下：

> alter table 表名 drop foreign key 外键名；

在学生成绩管理数据库 mystudent 中，将 score 表中名为外键 fk_student_score1 删除。其 SQL 语句如示例代码 3-15 所示：

示例代码 3-15

alter table score drop foreign key fk_student_score1;

在命令框中输入上述命令并回车，效果如图 3.24 所示。

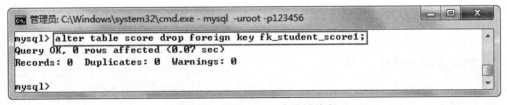

图 3.24　删除 score 表外键信息

（3）为已存在的表添加外键约束

语法格式如下：

> alter table 表名 add constraint 外键名 foreign key(外键字段) references 关联表名
> (关联字段)；

在学生成绩管理数据库 mystudent 中，现需在成绩表 score 上设置 stuNo 字段为外键。其 SQL 语句如示例代码 3-16 所示：

示例代码 3-16

```
alter table score add constraint fk_student_score1
foreign key(stuNo) references student(stuNo);
```

在命令框中输入上述命令并回车, 效果如图 3.25 所示。

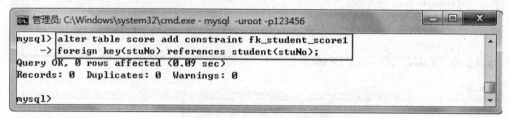

图 3.25　为 score 表添加外键

3. 非空约束

在创建数据表时, 如果不加额外的声明, 属性约束一般都可以为空, 并且默认值为空。但是在实际中, 如字段姓名、性别等重要信息, 我们需要尽可能地保证字段不为空。如果需要属性值不为空, 在创建表时直接在后面加 not null 即可。

（1）创建表时添加非空约束

语法格式如下:

字段名 数据类型 not null;

在学生成绩管理数据库 mystudent 中, 创建学生表 student, 并设置 stuNo 字段为主键, sex 为非空约束。其 SQL 语句如示例代码 3-17 所示:

示例代码 3-17

```
drop table student;
create table student
(
stuNo char(10) primary key,
name varchar(50),
sex char(2) not null,
birthday date,
spec varchar(30),
phone varchar(11),
address varchar(255)
);
```

在命令框中输入上述命令并回车, 效果如图 3.26 所示。

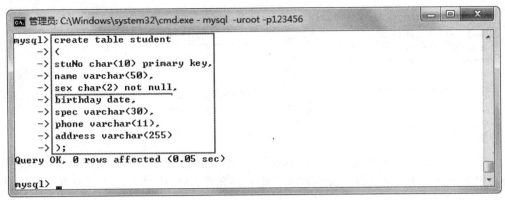

图 3.26　添加 student 表非空约束

（2）删除非空约束

语法格式如下：

> alter table 表名 modify 字段名 数据类型 ;

在学生成绩管理数据库 mystudent 中，将 student 表的 sex 字段的非空约束删除。其 SQL
语句如示例代码 3-18 所示：

> 示例代码 3-18
>
> alter table student modify sex char(2);

在命令框中输入上述命令并回车，效果如图 3.27 所示。

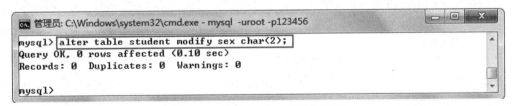

图 3.27　删除 student 表非空约束

（3）为已经存在的表添加非空约束

语法格式如下：

> alter table 表名 modify 字段名 数据类型 not null;

在学生成绩管理数据库 mystudent 中，将学生表 student 的 sex 字段设置非空约束。其
SQL 语句如示例代码 3-19 所示：

> 示例代码 3-19
>
> alter table student modify sex char(2) not null;

在命令框中输入上述命令并回车，效果如图 3.28 所示。

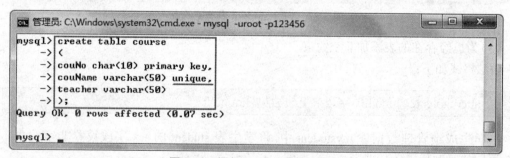

图 3.28　添加 student 表非空约束

4. 唯一约束

一张表中往往有很多字段的数据不能重复,但是一张表中只能有一个主键,唯一键就可以解决表中多个字段需要唯一性约束的问题。唯一键允许为空,而且可以多个为空,空字段不作唯一性比较。

(1)创建表时添加唯一约束

语法格式如下:

字段名 数据类型 unique;

在学生成绩管理数据库 mystudent 中,创建课程表 course,并将课程编号 couNo 字段设置为主键,将课程名称 couName 字段设置为唯一约束。其 SQL 语句如示例代码 3-20 所示:

示例代码 3-20

```
create table course
(
couNo char(10) primary key,
couName varchar(50) unique,
teacher varchar(50)
);
```

在命令框中输入上述命令并回车,效果如图 3.29 所示。

```
管理员: C:\Windows\system32\cmd.exe - mysql  -uroot -p123456
mysql> create table course
    -> (
    -> couNo char(10) primary key,
    -> couName varchar(50) unique,
    -> teacher varchar(50)
    -> );
Query OK, 0 rows affected (0.07 sec)

mysql>
```

图 3.29　添加 course 表唯一约束

(2)删除唯一约束

语法格式如下:

alter table 表名 drop index 字段名;

在学生成绩管理数据库 mystudent 中，将 course 表的 couName 唯一约束删除。其 SQL 语句如示例代码 3-21 所示：

示例代码 3-21

alter table course drop index couName;

在命令框中输入上述命令并回车，效果如图 3.30 所示。

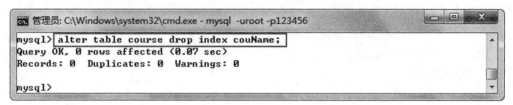

图 3.30　删除 course 表唯一约束

（3）为已经存在的表添加唯一约束

语法格式如下：

alter table 表名 modify 字段名 数据类型 unique;

在学生成绩管理数据库 mystudent 中，将课程表 course 中授课教师 couName 字段添加唯一约束。其 SQL 语句如示例代码 3-22 所示：

示例代码 3-22

alter table course modify couName varchar(50) unique;

在命令框中输入上述命令并回车，效果如图 3.31 所示。

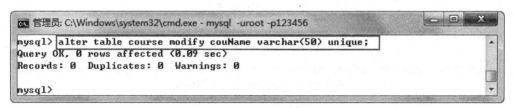

图 3.31　添加 course 表唯一约束

5. 默认约束

在创建表时就设定好的值，在插入数据时，如果用户没有指定数据则使用默认值。如果用户指定了数据，新数据会替代默认值。

（1）创建表时添加默认约束

语法格式如下：

字段名 数据类型 default 默认值；

在学生成绩管理数据库 mystudent 中，创建学生表 student，并设置 stuNo 字段为主键，sex 为非空约束，address 字段默认值为"地址不详"。其 SQL 语句如示例代码 3-23 所示：

示例代码 3-23

```
drop table student;
create table student
(
stuNo char(10) primary key,
name varchar(50),
sex char(2) not null,
birthday date,
spec varchar(30),
phone varchar(11),
address varchar(255) default '地址不详'
);
```

在命令框中输入上述命令并回车，效果如图 3.32 所示。

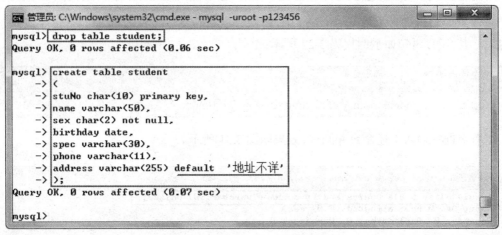

图 3.32   添加 student 表默认约束

（2）删除默认约束

语法格式如下：

alter table 表名 modify 字段名 数据类型 ;

在学生成绩管理数据库 mystudent 中，将 student 表的 address 字段的默认约束删除。其 SQL 语句如示例代码 3-24 所示：

示例代码 3-24

alter table student modify address varchar(255);

在命令框中输入上述命令并回车,效果如图 3.33 所示。

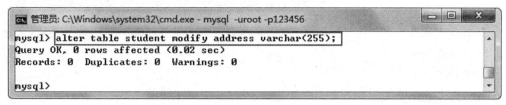

图 3.33　删除 student 表默认约束

（3）为已存在的表添加默认约束

语法格式如下:

> alter table 表名 modify 字段名 数据类型 default 默认值 ;

在学生成绩管理数据库 mystudent 中,将学生表 student 中的 address 字段默认值设为"地址不详"。其 SQL 语句如示例代码 3-25 所示:

示例代码 3-25

alter table student modify address varchar(255) default ' 地址不详 ';

在命令框中输入上述命令并回车,效果如图 3.34 所示。

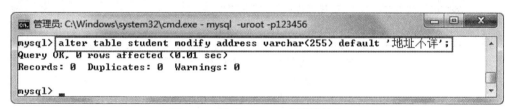

图 3.34　修改 student 表默认约束

6. CHECK 约束

CHECK 约束是指约束表中某一个或者某些列中可接受的经约束的数据值或者数据格式。例如,可以要求学生表中性别列只允许"男"或"女"。

语法格式如下:

> CHECK(表达式)

在学生成绩管理数据库 mystudent 中,将 student 表的 sex 字段定义为 CHECK 约束,要求性别只能为"男"或"女"。其 SQL 语句如示例代码 3-26 所示:

示例代码 3-26

drop table student;

create table student

(

```
stuNo char(10) primary key,
name varchar(50),
sex char(2) not null check(sex in(' 男 ',' 女 ')),
birthday date,
spec varchar(30),
phone varchar(11),
address varchar(255)
);
```

在命令框中输入上述命令并回车，效果如图 3.35 所示。

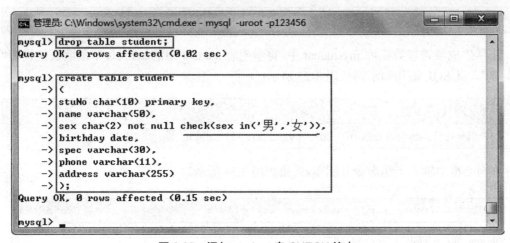

图 3.35　添加 student 表 CHECK 约束

技能点 5　使用 Navicat 工具实现数据定义

在 MySQL 中，除了可以利用命令提示符窗口创建与管理数据库及数据表之外，还可以使用图形管理工具 Navicat 来实现数据定义的一些操作。

1. 使用 Navicat 创建数据库

（1）在左侧"连接树"工具栏中右键"MySQL"服务器连接，单击"新建数据库"，效果如图 3.36 所示。

（2）在"新建数据库"对话框中，输入数据库名为"teststudent"，字符集与排序规则均为"utf8"，单击"确定"按钮，名为"teststudent"的数据库创建成功。效果如图 3.37 所示。

2. 使用 Navicat 创建表

（1）在左侧"连接树"工具栏中双击名为"teststudent"的数据库，双击"表"选项，在主工作区中选择"新建表"按钮。效果如图 3.38 所示。

（2）在"新建表"对话框中依次输入表中各字段的名称、类型、长度等信息，输入完成后，点

击"保存"按钮,根据提示输入表名为"student",单击"确定"即可完成表的创建。效果如图
3.39 所示。

图 3.36　创建数据库

图 3.37　创建数据库 teststudent

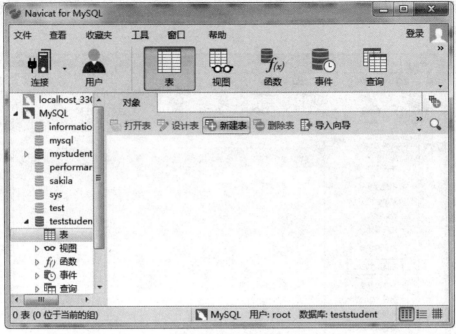

图 3.38　创建数据表

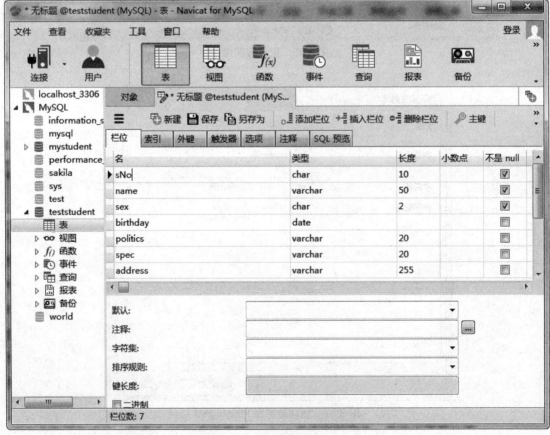

图 3.39　创建数据表 student

学生成绩管理系统用于帮助高校学生管理部门管理学生信息。在整个任务实施过程中，将通过以下两个步骤的操作实现学生成绩管理数据库以及相应的数据库表的创建。

第一步：创建学生成绩管理数据库

> CREATE DATABASE mystudent;

第二步：在学生成绩管理数据库中创建数据表

经过分析，学生成绩管理数据库 mystudent 包括三个数据表，分别是学生表 student、课程表 course、成绩表 score。

（1）创建学生表 student，其结构如表 2.8 所示。

创建学生表 student 的 SQL 语句如示例代码 3-27 所示：

示例代码 3-27

```
drop table student;
create table student
(
stuNo char(10) primary key,
name varchar(50) not null,
sex char(2) not null check(sex in(' 男 ',' 女 ')),
birthday date,
spec varchar(30),
phone varchar(11),
address varchar(255) default ' 地址不详 '
);
```

执行上述命令并通过 DESC 命令查看 student 表的结构信息，效果如图 3.40 所示。

```
管理员: C:\Windows\system32\cmd.exe - mysql  -uroot -p123456

mysql> desc student;
+----------+--------------+------+-----+---------+-------+
| Field    | Type         | Null | Key | Default | Extra |
+----------+--------------+------+-----+---------+-------+
| stuNo    | char(10)     | NO   | PRI | NULL    |       |
| name     | varchar(50)  | NO   |     | NULL    |       |
| sex      | char(2)      | NO   |     | NULL    |       |
| birthday | date         | YES  |     | NULL    |       |
| spec     | varchar(30)  | YES  |     | NULL    |       |
| phone    | varchar(11)  | YES  |     | NULL    |       |
| address  | varchar(255) | YES  |     | 地址不详 |       |
+----------+--------------+------+-----+---------+-------+
7 rows in set (0.01 sec)

mysql>
```

图 3.40　查看 student 表结构

（2）创建课程表 course，其结构如表 2.9 所示。

创建课程表 course 的 SQL 语句如示例代码 3-28 所示：

示例代码 3-28

```
drop table course;
create table course
(
couNo char(10) primary key,
couName varchar(50) not null unique,
teacher varchar(50) ,
type varchar(20),
hours int not null,
credit int
);
```

执行上述命令并通过 DESC 命令查看 course 表的结构信息，效果如图 3.41 所示。

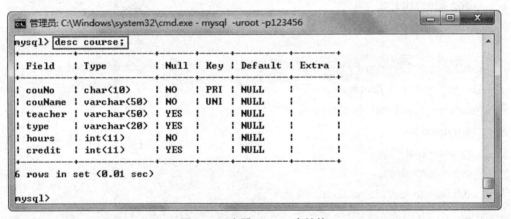

图 3.41　查看 course 表结构

（3）创建成绩表 score，其结构如表 2.10 所示。

创建成绩表 score 的 SQL 语句如示例代码 3-29 所示：

示例代码 3-29

```
drop table score;
create table score
(
stuNo char(10),
couNo char(10) ,
result int,
```

```
    primary key(stuNo,couNo),
    constraint fk_student_score foreign key(stuNo) references student(stuNo),
    constraint fk_course_score foreign key(couNo) references course(couNo)
    );
```

执行上述命令并通过 DESC 命令查看 score 表的结构信息,效果如图 3.42 所示。

```
管理员: C:\Windows\system32\cmd.exe - mysql  -uroot -p123456

mysql> desc score;
+--------+----------+------+-----+---------+-------+
| Field  | Type     | Null | Key | Default | Extra |
+--------+----------+------+-----+---------+-------+
| stuNo  | char(10) | NO   | PRI | NULL    |       |
| couNo  | char(10) | NO   | PRI | NULL    |       |
| result | int(11)  | YES  |     | NULL    |       |
+--------+----------+------+-----+---------+-------+
3 rows in set (0.01 sec)

mysql>
```

图 3.42　查看 score 表结构

至此,学生成绩管理数据库及相关数据库表创建完毕。

通过对本项目的学习,理解了 SQL 语言的概念,并学会利用 SQL 语句来完成数据库和数据库表的创建与管理。掌握了对数据库表的常用约束的使用方法,为后期数据库表的操作打下基础。

query	查询	create	创建
alter	修改	change	改变
drop	删除	rename	重命名
primary key	主键	foreign key	外键

一、选择题

1. 数据表的某个字段用于存储学生的家庭住址,在创建表时,应该为该字段选择(　　)

数据类型。

　　（A）char　　　　　　（B）varchar　　　　　　（C）date　　　　　　（D）int

　　2. 在 MySQL 中，如果需要修改数据表 student 的名字，正确的语句是（　　　）。

　　（A）alter table student rename tb_student;

　　（B）alter table student change tb_student;

　　（C）alter table student add tb_student;

　　（D）alter table student modify tb_student;

　　3. 如果要将 student 表中的姓名 name 字段的字段类型更改为 varchar(40)，可使用（　　）命令。

　　（A）alter table student modify name varchar 40;

　　（B）alter table student replace name varchar(40);

　　（C）alter table student modify name varchar(40);

　　（D）alter table student add name varchar(40);

　　4. 如果要向 student 表中添加一个表示政治面貌的字段 politics，数据类型为 varchar(20)，可使用（　　）命令。

　　（A）alter table student modify politics varchar(20);

　　（B）alter table student drop politics varchar(20);

　　（C）alter table student change politics varchar(20);

　　（D）alter table student add politics varchar(20);

　　5. 在已有的 student 表中，如果要将学号字段设置为主键，可使用（　　　）命令。

　　（A）alter table student drop primary key;

　　（B）alter table student modify stuNo char primary key;

　　（C）alter table student modify stuNo primary key;

　　（D）alter table student modify stuNo char(10) primary key;

二、填空题

　　1. 在 MySQL 的数据库中，创建数据库的命令是_____。

　　2. 在 MySQL 的数据库中，在创建具体的数据库表之前，一定要使用_____命令来打开数据库。

　　3. 在 MySQL 的数据库中，每个数据库表最多只能有_____个主键，但构成主键的字段可以是_____个。

　　4. 在 MySQL 的数据库中，对数据库表常用的约束有_____、_____、_____、_____、_____。

　　5. 在 MySQL 中，用于表示一个专业学生的人数约 2000 人，一般使用_____数据类型表示。

三、上机题

　　项目：在网上书城数据库中包含 3 个数据库表，其表的结构信息如表 3.11 至表 3.13 所示。

请按要求完成以下任务。

1. 完成网上书城数据库 bookStore 的创建。

2. 将数据库的字符编码设置为 utf8。

3. 完成图书表 book、会员表 user、订单表 order 的创建。

4. 分别查看图书表 book、会员表 user、订单表 order 的表结构。

5. 分别查看图书表 book、会员表 user、订单表 order 的定义信息。

表 3.11　图书表 book 结构

字段名	字段说明	数据类型	长度	允许为空	约束	备注
bID	图书编号	varchar	50	不允许	主键	
bName	图书名称	varchar	50	不允许		
author	作者	varchar	30	不允许		
ISBN	ISBN 号	varchar	30	不允许		
press	出版社	varchar	30	不允许		
pDate	出版日期	date		不允许		
price	单价	float				
stock	库存	int				

表 3.12　会员表 user 结构

字段名	字段说明	数据类型	长度	允许为空	约束	备注
uID	会员编号	varchar	10	不允许	主键	
uName	会员姓名	varchar	50	不允许		
password	密码	varchar	20	不允许		
sex	性别	char	2	不允许		只能为"男"或女
email	会员邮箱	varchar	30		唯一约束	
phone	联系电话	varchar	20			
address	收货地址	varchar	50	不允许		
regDate	注册时间	datetime				默认为当前时间

表 3.13　订单表 order 结构

字段名	字段说明	数据类型	长度	允许为空	约束	备注
orderID	订单号	varchar	10	不允许	主键	
uID	会员编号	varchar	10	不允许	外键	引用 user 表主键
bID	图书编号	varchar	50	不允许	外键	引用 book 表主键
orderNum	订购数量	int		不允许		

字段名	字段说明	数据类型	长度	允许为空	约束	备注
orderTime	订购时间	datetime		不允许		默认为当前时间
status	订单状态	tinyint	1			1 表示已处理 0 表示待处理
deliveryTime	发货时间	datetime				

项目四　数据更新

本项目主要介绍对数据表中记录的常用操作。通过本项目的学习，能根据学生成绩管理数据库的要求，完成数据表记录的插入、修改、删除操作。 在任务实现过程中：

- 了解数据更新的概念
- 学习数据更新的常用方法
- 掌握插入、修改、删除数据表记录的方法
- 具有使用 Navicat 工具实现数据更新的能力

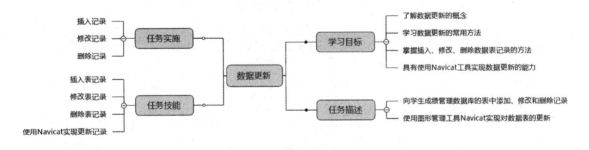

【情境导入】

如果你是某高校的数据库管理员，新生入校时如何实现学生基本信息的录入，如何增加选课信息，如何修改课程成绩。本项目将通过 SQL 语句对学生成绩管理数据库中学生的学籍、课程及成绩等信息进行管理和维护。

【功能描述】

- 向学生成绩管理数据库的表中添加、修改和删除记录

● 使用图形管理工具 Navicat 实现对数据表的更新

🧑‍💼【基本框架】

通过本项目的学习,掌握向学生成绩管理数据库表中添加、修改、删除记录的方法。并能使用图形管理工具 Navicat 实现对数据表记录的更新操作。数据表记录如表 4.1 至表 4.3 所示。

表 4.1　学生表 student 数据

stuNo	name	sex	birthday	spec	phone	address
190001	刘海朋	男	2002-10-22	电子商务	13274090013	陕西省西安市
190002	孙婷婷	女	2001-09-04	电子商务	13386661338	四川省成都市
190003	张晓飞	男	2002-07-15	电子商务	15519640547	山东省济南市
190004	杨航	男	2001-11-21	电子商务	18752665012	天津市和平区
190005	王先平	女	2002-05-10	电子商务	13223695985	山东省济南市
190006	张月	女	2003-07-11	电子商务	13323898911	陕西省西安市
190007	黄新月	女	2002-08-05	软件技术	18702350667	陕西省西安市
190008	王成	男	2000-12-26	软件技术	15523550009	四川省成都市
190009	赵鑫	男	2001-12-20	软件技术	15123550010	天津市河东区
190010	李志豪	男	2003-12-12	软件技术	15810580033	天津市和平区

表 4.2　课程表 course 数据

couNo	couName	teacher	type	hours	credit
g01	大学英语	李文杰	公共基础课	96	6
z02	市场营销	邓航	专业必修课	64	4
z03	MySQL 数据库	周宏强	专业必修课	96	6

表 4.3　成绩表 score 数据

stuNo	couNo	result
190001	g01	85
190002	g01	92
190003	g01	55
190004	g01	74
190005	g01	67
190001	z02	57
190002	z02	92

续表

stuNo	couNo	result
190003	z02	78
190004	z02	81
190005	z02	64
190006	z03	83
190007	z03	78
190008	z03	53
190009	z03	90
190010	z03	84

技能点 1　插入表记录

在 MySQL 中,在建立一个空的数据库和表后,首先需要考虑的是如何向数据表中添加数据。添加数据的操作可以使用 insert 语句来完成,使用 insert 语句可以向已有数据库表插入一行或者多行数据。

1. 插入单条记录

利用 insert 语句插入单条记录分为四种情况:插入完整的一条记录、插入不完整的一条记录、插入带有字段默认值的记录以及插入已存在主键值的记录。其语法格式如下:

> insert into < 表名 > [(字段名列表)]
> values (值列表);

参数说明:

➤ into:用在 insert 关键字和表名之间的可选关键字,可以省略。

➤ 字段名列表:指定要插入的字段名,可以省略。如果不写字段名,表示要向表中的所有字段插入数据;如果写部分字段名,表示只为指定的字段插入数据,多个字段名之间用逗号分隔。

➤ 值列表:表示为各字段指定一个具体的值,各值之间用逗号分隔,也可以是空值 NULL。在插入记录时,如果某个字段的值想采用该列的默认值,则可以用 DEFAULT 来代替。值列表里的各项值的数据类型要与该列的数据类型保持一致,并且字符型值需要用单引号或双引号括起来。

（1）插入完整的一条记录

利用 insert 语句为学生成绩管理数据库 mystudent 中的 student 表插入一条记录。其 SQL
语句如示例代码 4-1 所示：

示例代码 4-1
insert into student(stuNo,name,sex,birthday,spec,phone,address)   values ('190001',' 刘海朋 ',' 男 ','2002-10-22',' 电子商务 ','13274090013',' 陕西省西安市 ');

执行上述命令后，使用 select * from < 表名 >; 命令来查看表的记录是否已经插入成功。
插入成功代码效果如图 4.1 所示，已向 student 表中插入了一条完整的记录。

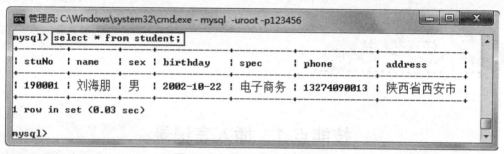

图 4.1　查看 student 表中数据

（2）插入不完整的一条记录

在 MySQL 中，允许向表中插入不完整的一条记录，但如果某些字段已经限制其约束为
not null 时，在插入时这部分字段是必须要插入的。

利用 insert 语句为学生成绩管理数据库 mystudent 中的 student 表插入一条不完整的记
录。其 SQL 语句如示例代码 4-2 所示：

示例代码 4-2
insert into student(stuNo,name,sex,address)   values ('190002',' 孙婷婷 ',' 女 ',' 四川省成都市 ');

执行上述命令后，使用 select * from < 表名 >; 命令来查看表的记录是否已经插入成功。
效果如图 4.2 所示，已向 student 表中插入了一条不完整的记录，其中 birthday、spec、phone 这 3
个字段的值为 NULL。

（3）插入带有字段默认值的记录

利用 insert 语句为学生成绩管理数据库 mystudent 中的 student 表插入一条带有字段默认
值的记录，其家庭住址字段 address 采用默认值为"地址不详"，其 SQL 语句如示例代码 4-3
所示：

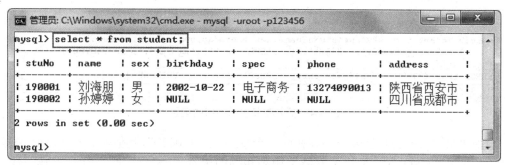

图 4.2　查看 student 表中数据

示例代码 4-3
insert into student(stuNo,name,sex,birthday,spec,phone,address) values ('190003',' 张晓飞 ',' 男 ','2002-07-15',' 电子商务 ','15519640547',default);

执行上述命令后,使用 select * from < 表名 >; 命令来查看表的记录是否已经插入成功。效果如图 4.3 所示,已向 student 表中插入了一条带有字段默认值的记录。在插入语句中,并没有指定 address 字段以及对应的值,但执行以上 SQL 语句后仍然能够正常插入记录,其 address 字段采用创建表时设置的默认值。

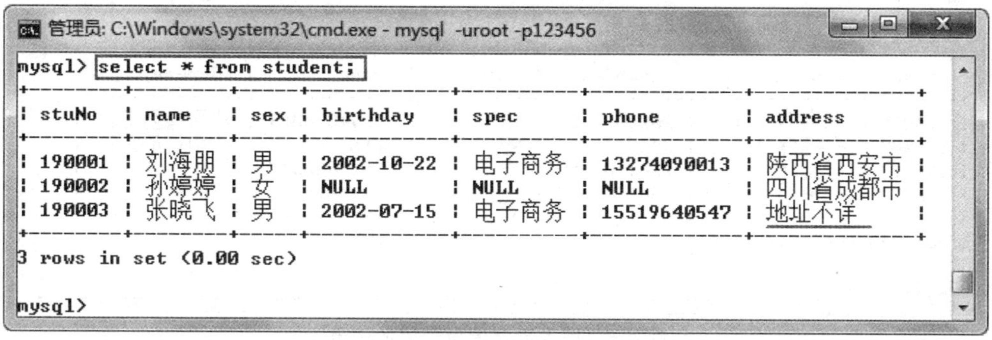

图 4.3　查看 student 表中数据

（4）插入已存在主键值的记录

利用 insert 语句为学生成绩管理数据库 mystudent 中的 student 表再次插入一条学号为"190001"的记录。其 SQL 语句如示例代码 4-4 所示:

示例代码 4-4
insert into student(stuNo,name,sex,birthday,spec,phone,address) values ('190001',' 刘海朋 ',' 男 ','2002-10-22',' 电子商务 ','13274090013',' 陕西省西安市 ');

执行上述命令后,会弹出错误信息"ERROR 1062 (23000): Duplicate entry '190001' for key 'PRIMARY'",表示系统不允许再重复插入。效果如图 4.4 所示。

图 4.4　插入重复主键列值的记录

但如果将学号改为数据表中不存在的一个学号，如"190020"，其他信息不变，则系统会允许插入。即在 MySQL 中，系统不支持主键列相同的记录，其再次证明主键具有唯一性。其SQL 语句如示例代码 4-5 所示：

示例代码 4-5

insert into student(stuNo,name,sex,birthday,spec,phone,address)

values ('190020',' 刘海朋 ',' 男 ','2002-10-22',' 电子商务 ','13274090013',' 陕西省西安市 ');

执行上述命令后，使用 select * from < 表名 >; 命令来查看表的记录是否已经插入成功，效果如图 4.5 所示。学号为"190001"与"190020"的记录只有学号不同，其余信息全部相同。

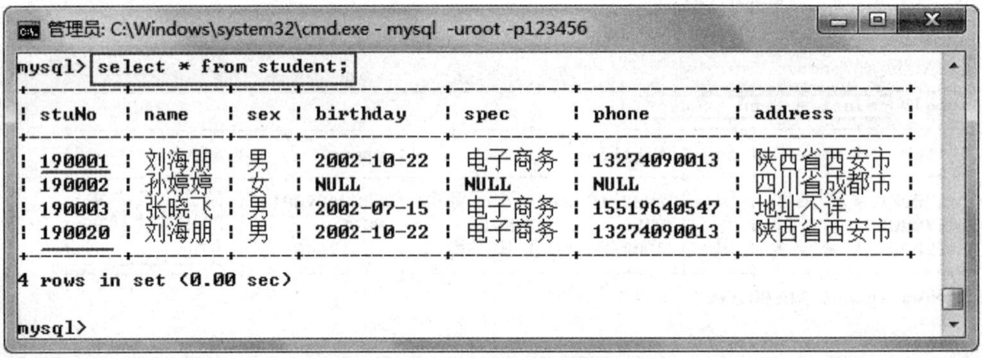

图 4.5　插入重复信息列值的记录

2. 插入多条记录

在 MySQL 中，有时需要一次性向表中插入多条记录。MySQL 提供了使用一条 insert 语句添加多条记录的功能。其语法格式如下：

---

insert into < 表名 > [(字段名列表)]

values（值列表）,（值列表）,（值列表）……;

参数说明：

➢ 字段名列表：此处的用法和插入单条记录的用法完全一样。

➢ 值列表：表示为各字段指定一个具体的值，各值之间用逗号分隔，也可以是空值NULL。在插入记录时，如果要同时插入多条记录，可以将每条记录单独用小括号括起来，各记录间用逗号隔开。

利用 insert 语句为学生成绩管理数据库 mystudent 中的 student 表一次性插入学号为"190004"、"190005"、"190006"的记录。其 SQL 语句如示例代码 4-6 所示：

示例代码 4-6

```
insert into student(stuNo,name,sex,birthday,spec,phone,address)
values
('190004',' 杨航 ',' 男 ','2001-11-21',' 电子商务 ','18752665012',' 天津市和平区 '),
('190005',' 王先平 ',' 女 ','2002-05-10',' 电子商务 ','13223695985',' 山东省济南市 '),
('190006',' 张月 ',' 女 ','2003-07-11',' 电子商务 ','13323898911',' 陕西省西安市 ');
```

执行上述命令后，使用 select * from < 表名 >; 命令来查看表的记录是否已经插入成功。效果如图 4.6 所示，学号为"190004"、"190005"、"190006"的 3 条记录已插入到 student 表中。

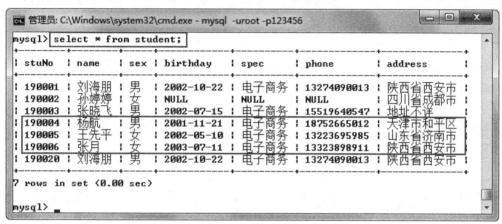

图 4.6　查看 student 表中数据

技能点 2　修改表记录

在 MySQL 中，数据库中的表拥有记录集之后，可针对数据库表中的数据进行修改、更新操作。其修改的语句用 update 表示。update 可以用来修改单个表，也可以用来修改多个表。

1. 单表数据修改

其语法格式如下：

```
update < 表名 >
set 字段名 1= 值 1[, 字段名 2= 值 2,......]
where 条件 ;
```

参数说明：

➢ < 表名 >：用在 update 和 set 关键字之间，表示要更新的表的名字，不可以省略。

➢ 字段名 1= 值 1：表示将该字段的值修改为一个新的值，如果有多个字段的值需要同时修改，则用逗号分隔。值可以是常量、变量或表达式。

➢ where 条件：指定要修改记录的条件，可以省略。如果不写条件，则表示将表中所有记录的字段值修改成新的值；若写了条件，则只修改满足条件的记录指定字段的值。更新时一定要保证 where 条件子句的正确性，一旦 where 子句出错，将会严重破坏数据表的记录。

将学生成绩管理数据库 mystudent 的 student 表中学号为"190002"专业修改为电子商务。其 SQL 语句如示例代码 4-7 所示：

示例代码 4-7
update student set spec=' 电子商务 ' where stuNo='190002';

执行上述命令后，使用 select * from < 表名 >; 命令来查看表的记录是否已经修改成功。效果如图 4.7 所示，student 表中已将学号为"190002"记录的专业修改为"电子商务"。

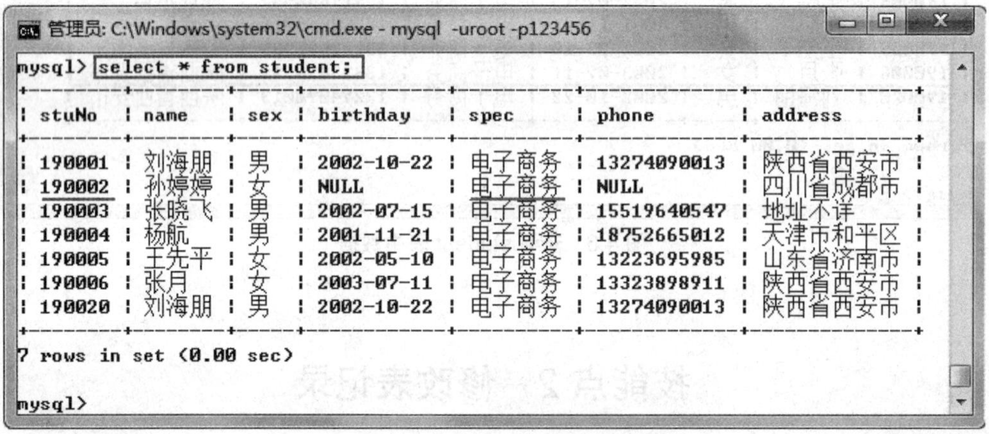

图 4.7　查看 student 表中数据

将学生成绩管理数据库 mystudent 的 student 表中学号为"190002"的出生日期修改为"2001/09/04"，联系电话修改为"13386661338"。其 SQL 语句如示例代码 4-8 所示：

示例代码 4-8
update student set birthday='2001/09/04',phone='13386661338' where stuNo='190002';

执行上述命令后，使用 select * from < 表名 >; 命令来查看表的记录是否已经修改成功。效果如图 4.8 所示， student 表中学号为"190002"的学页，出生日期已改为"2001-09-04"，联系

电话已改为"13386661338"。

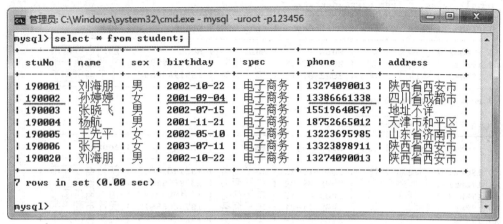

图 4.8　查看 student 表中数据

2. 多表数据修改

其语法格式如下：

```
update < 表名列表 >
set 表名 . 字段名 1= 值 1[, 表名 . 字段名 2= 值 2,……]
where 条件 ;
```

参数说明：

➤ < 表名 >：表示要更新的表的名字，多个表之间用逗号分隔。

➤ 表名 . 字段名 1= 值 1：表示将对应表名中字段的值修改为一个新的值，如果有多个字段的值需要同时修改，则用逗号分隔。为了方便测试，先仿照 student 表创建一个 newstudent 表，并插入几条数据，具体步骤此处不再重复。这里的字段名因涉及多张表，需要用"表名 . 字段名"表示。

➤ where 条件：表示指定要修改记录的连接条件。

例如，将学生成绩管理数据库 mystudent 的 student 表和 newStudent 表中学号为"190003"的家庭住址修改为"山东省济南市"。其 SQL 语句如示例代码 4-9 所示：

示例代码 4-9

```
update student,newstudent
set student.address=' 山东省济南市 ',newstudent.address=' 山东省济南市 '
where student.stuNo='190003' and newstudent.stuNo='190003';
```

执行上述命令后，使用 select * from < 表名 >; 命令来查看表的记录是否已经修改成功。效果如图 4.9 所示，student 和 newstudent 表中均已将学号为"190003"记录的地址修改为"山东省济南市"。

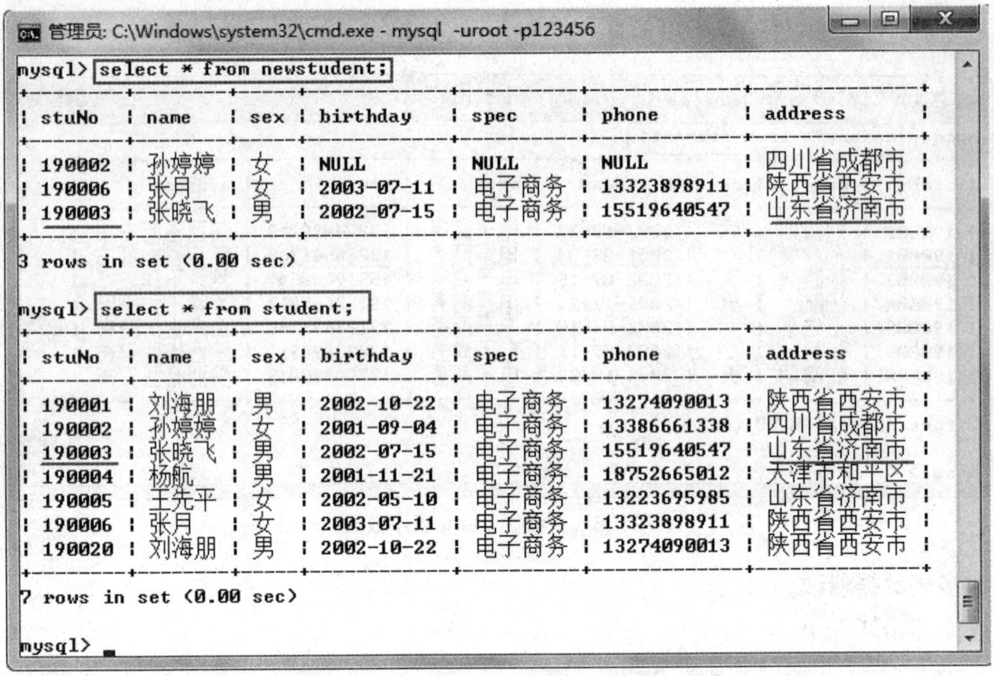

```
管理员: C:\Windows\system32\cmd.exe - mysql  -uroot -p123456
mysql> select * from newstudent;
+--------+--------+-----+------------+----------+-------------+--------------+
| stuNo  | name   | sex | birthday   | spec     | phone       | address      |
+--------+--------+-----+------------+----------+-------------+--------------+
| 190002 | 孙婷婷 | 女  | NULL       | NULL     | NULL        | 四川省成都市 |
| 190006 | 张月   | 女  | 2003-07-11 | 电子商务 | 13323898911 | 陕西省西安市 |
| 190003 | 张晓飞 | 男  | 2002-07-15 | 电子商务 | 15519640547 | 山东省济南市 |
+--------+--------+-----+------------+----------+-------------+--------------+
3 rows in set (0.00 sec)

mysql> select * from student;
+--------+--------+-----+------------+----------+-------------+--------------+
| stuNo  | name   | sex | birthday   | spec     | phone       | address      |
+--------+--------+-----+------------+----------+-------------+--------------+
| 190001 | 刘海朋 | 男  | 2002-10-22 | 电子商务 | 13274090013 | 陕西省西安市 |
| 190002 | 孙婷婷 | 女  | 2001-09-04 | 电子商务 | 13386661338 | 四川省成都市 |
| 190003 | 张晓飞 | 男  | 2002-07-15 | 电子商务 | 15519640547 | 山东省济南市 |
| 190004 | 杨航   | 男  | 2001-11-21 | 电子商务 | 18752665012 | 天津市和平区 |
| 190005 | 王先平 | 女  | 2002-05-10 | 电子商务 | 13223695985 | 山东省济南市 |
| 190006 | 张月   | 女  | 2003-07-11 | 电子商务 | 13323898911 | 陕西省西安市 |
| 190020 | 刘海朋 | 男  | 2002-10-22 | 电子商务 | 13274090013 | 陕西省西安市 |
+--------+--------+-----+------------+----------+-------------+--------------+
7 rows in set (0.00 sec)

mysql>
```

图 4.9 查看 student 和 newstudent 表中数据

技能点 3 删除表记录

在 MySQL 中,如果需要删除表中的数据,可以使用 delete 语句和 truncate 语句。

1. 使用 delete 语句删除表记录

其语法格式如下:

```
delete from <表名> where 条件 ;
```

参数说明:

- <表名>:表示要删除记录对应表的名字。
- where 条件:表示指定要删除记录的条件。

将学生成绩管理数据库 mystudent 的 student 表中学号为"190020"的记录删除。其 SQL 语句如示例代码 4-10 所示:

示例代码 4-10

```
delete from student where stuNo='190020';
```

执行上述命令后,使用 select * from <表名>; 命令来查看表的记录是否已经删除成功。效果如图 4.10 所示,student 表中已经成功将学号为"190020"的记录删除。

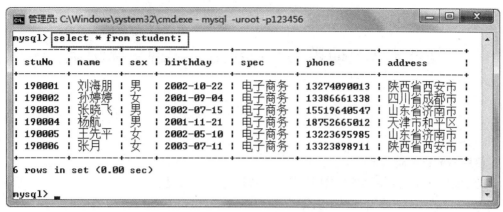

图 4.10 查看 student 表中数据

2. 使用 truncate 语句删除表记录

其语法格式如下：

> truncate table < 表名 >;

参数说明：

➢ < 表名 >：表示要删除记录对应表的名字。

➢ 与 delete 语句区别：delete 语句后面可以跟 where 子句，通过指定 where 子句中的条件可以删除满足条件的记录，而 TRUNCATE 语句是删除表中所有记录，不能加 where 子句。

➢ 使用 truncate 语句清空数据表后，AUTO_INCREMENT 计数器会被重置为初始值。而使用 delete 语句清空数据表后，AUTO_INCREMENT 计数器不会被重置为初始值。

将学生成绩管理数据库 mystudent 的 newstudent 表中的记录全部删除。其 SQL 语句如示例代码 4-11 所示：

> 示例代码 4-11
>
> truncate table newstudent;

执行上述 SQL 语句，newstudent 表中已经成功全部记录删除，效果如图 4.11 所示。

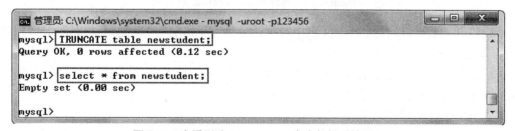

图 4.11 查看删除 newstudent 表中数据后的结果

注意：由于 truncate table 语句会删除数据表中的所有数据，并且无法恢复，因此使用 truncate table 语句时一定要十分小心。

技能点 4　使用 Navicat 工具实现更新记录

在 MySQL 中,除了可以利用命令提示符窗口更新数据表的记录外,还可以使用图形管理工具 Navicat 来实现更新记录。

1. 使用 Navicat 插入记录

使用 Navicat 工具可以非常方便地实现向数据表中插入记录。

(1)在左侧"连接树"工具栏中右键点击 student 表,单击"打开表"。效果如图 4.12 所示。

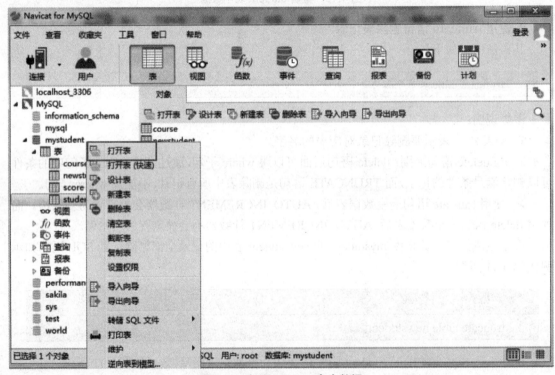

图 4.12　打开 student 表中数据

(2)打开表后,可以看到 student 表中数据。单击左下角的"+"新建记录按钮,即可创建新记录。效果如图 4.13 所示。

(3)在新建的记录行中录入学号为"190007"的记录。录入完毕后,点击工作区下方"√"按钮,即可成功插入记录。效果如图 4.14 所示。

2. 使用 Navicat 修改记录

使用 Navicat 工具可以非常方便地实现对数据表中记录的修改。

(1)打开需要修改记录的 student 表,在需要修改的记录位置点击鼠标左键,效果如图 4.15 所示。

(2)输入需要修改的新值,点击工作区下方"√"按钮,即可成功修改记录,效果如图 4.16

所示。

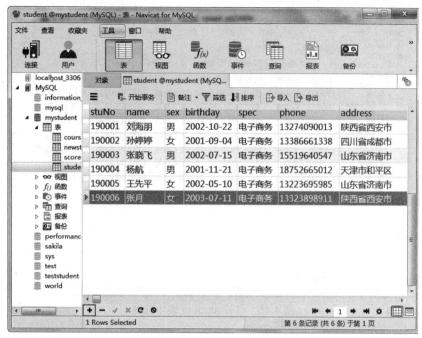

图 4.13　添加新记录至 student 表中

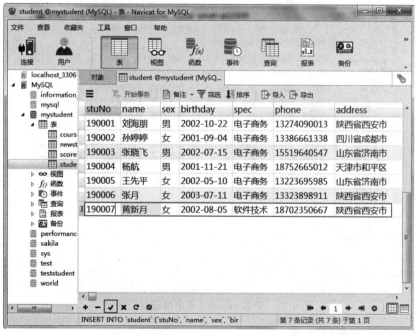

图 4.14　成功添加记录至 student 表中

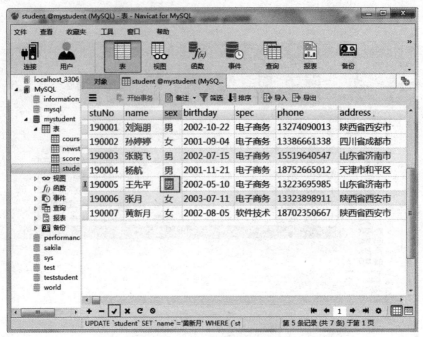

图 4.15　打开 student 表中数据

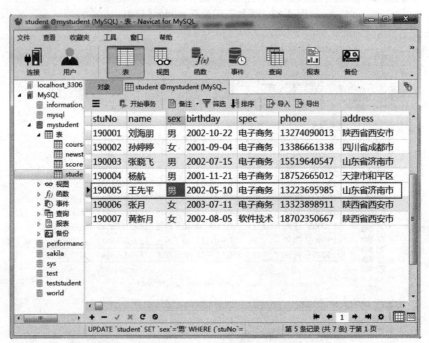

图 4.16　查看 student 表中修改后的数据

3. 使用 Navicat 删除记录

使用 Navicat 工具可以非常方便地实现对数据表中记录的删除。

（1）在打开的 student 表中，选中要删除的记录，点击工作区下方"-"按钮，效果如图 4.17 所示。

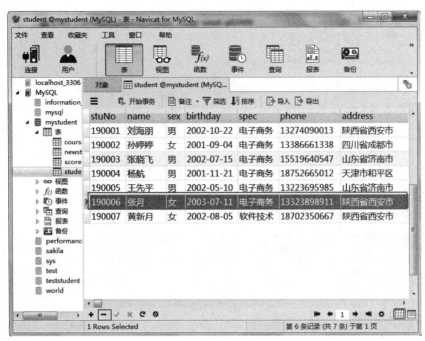

图 4.17　点击删除记录按钮

（2）系统会弹出"确认删除"记录的提示对话框，点击"删除一条记录"按钮，即可成功删除记录。效果如图 4.18 所示。

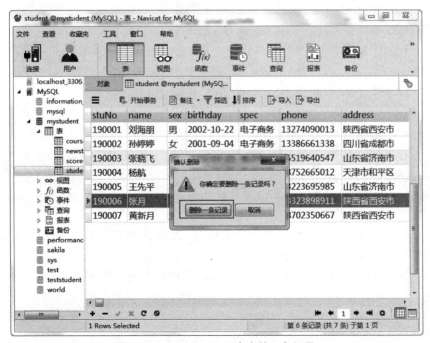

图 4.18　删除 student 表中的一条记录

项目任务:现需定期对某高校的学生成绩管理系统数据库 mystudent 进行管理和维护。表中的数据分别如表 4.1 至表 4.3 所示。

在整个任务实施过程中,将通过以下三个步骤的操作实现 MySQL 数据库的数据更新。

第一步:插入记录

在对学生表 student、课程表 course、成绩表 score 的数据进行插入数据之前,为保持数据的准确性,可先将这三个表的数据清空。

(1)清空数据库中表记录,执行 SQL 语句如示例代码 4-12 所示:

示例代码 4-12
delete from student; delete from course; delete from score;

(2)对学生表 student 执行插入命令,执行 SQL 语句如示例代码 4-13 所示:

示例代码 4-13
insert into student values ('190001',' 刘海朋 ',' 男 ','2002-10-22',' 电子商务 ','13274090013',' 陕西省西安市 '), ('190002',' 孙婷婷 ',' 女 ','2001-09-04',' 电子商务 ','13386661338',' 四川省成都市 '), ('190003',' 张晓飞 ',' 男 ','2002-07-15',' 电子商务 ','15519640547',' 山东省济南市 '), ('190004',' 杨航 ',' 男 ','2001-11-21',' 电子商务 ','18752665012',' 天津市和平区 '), ('190005',' 王先平 ',' 女 ','2002-05-10',' 电子商务 ','13223695985',' 山东省济南市 '), ('190006',' 张月 ',' 女 ','2003-07-11',' 电子商务 ','13323898911',' 陕西省西安市 '), ('190007',' 黄新月 ',' 女 ','2002-08-05',' 软件技术 ','18702350667',' 陕西省西安市 '), ('190008',' 王成 ',' 男 ','2000-12-26',' 软件技术 ','15523550009',' 四川省成都市 '), ('190009',' 赵鑫 ',' 男 ','2001-12-20',' 软件技术 ','15123550010',' 天津市河东区 '), ('190010',' 李志豪 ',' 男 ','2003-12-12',' 软件技术 ','15810580033',' 天津市和平区 ');

(3)使用 select * from < 表名 >; 命令来查看表的记录是否已经插入成功。插入数据成功后效果如图 4.19 所示。

(4)对课程表 course 执行插入命令,执行 SQL 语句如示例代码 4-14 所示:

示例代码 4-14
insert into course values ('g01',' 大学英语 ',' 李文杰 ',' 公共基础课 ',96,6), ('z02',' 市场营销 ',' 邓航 ',' 专业必修课 ',64,4), ('z03','MySQL 数据库 ',' 周宏强 ',' 专业必修课 ',96,6);

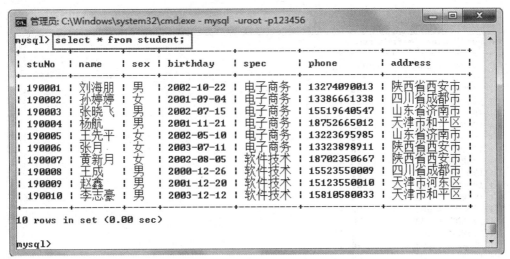

图 4.19 查看 student 表中数据

（5）使用 select * from <表名>; 命令来查看表的记录是否已经插入成功。插入数据成功后效果如图 4.20 所示。

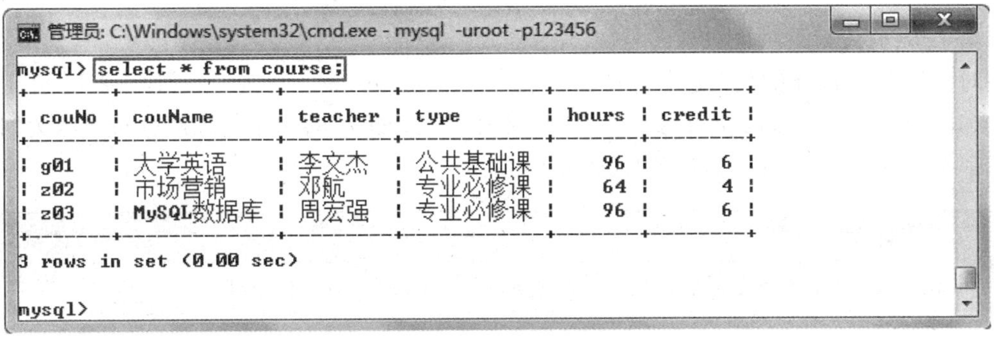

图 4.20 查看 course 表中数据

（6）对成绩表 score 执行插入命令，执行 SQL 语句如示例代码 4-15 所示：

示例代码 4-15

```
insert into score values
('190001','g01',85),('190002','g01',92),('190003','g01',55),('190004','g01',74),
('190005','g01',67),('190001','z02',57),('190002','z02',92),('190003','z02',78),
('190004','z02',81),('190005','z02',64),('190006','z03',83),('190007','z03',78),
('190008','z03',53),('190009','z03',90),('190010','z03',84);
```

（7）使用 select * from <表名>; 命令来查看表的记录是否已经插入成功。插入数据成功后效果如图 4.21 所示。

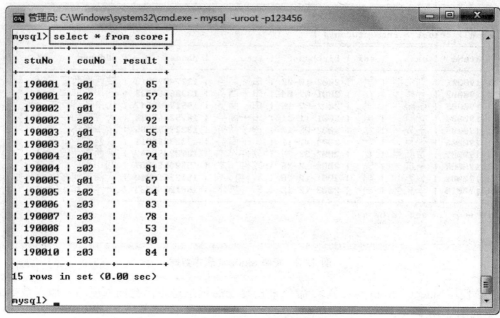

图 4.21　查看 score 表中数据

第二步：修改记录

对学生表 student 的数据进行修改。

（1）对学生表 student 执行修改命令，将学号为"190007"的学生的家庭住址更改为"四川省成都市"。执行 SQL 语句如示例代码 4-16 所示：

示例代码 4-16
update student set address=' 四川省成都市 ' where stuNo='190007';

（2）使用 select * from ＜表名＞; 命令来查看表的记录是否已经修改成功。数据修改成功后如图 4.22 所示。

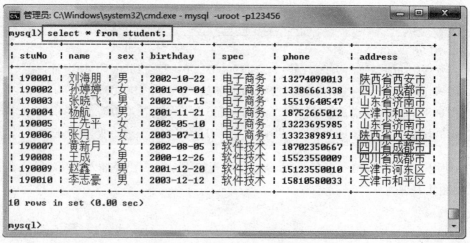

图 4.22　查看 student 表中数据

第三步：删除记录

对学生表 student 的数据进行删除。

（1）对学生表 student 执行删除命令，将学号为"190010"的学生成绩删除，并将学号为"190010"的学生信息删除。执行 SQL 语句如示例代码 4-17 所示：

示例代码 4-17

```
delete from score where stuNo='190010';
delete from student where stuNo='190010';
```

注意：此时在删除 student 表数据时，先执行了删除 score 表中学号为"190010"记录的命令，原因是 student 与 score 表本身存在主外键关联，需要先在建立了外键关系的表上执行删除命令，否则会提示无法删除。

（2）使用 select * from < 表名 >; 命令来查看表的记录是否已经删除成功，数据删除成功后如图 4.23 所示。

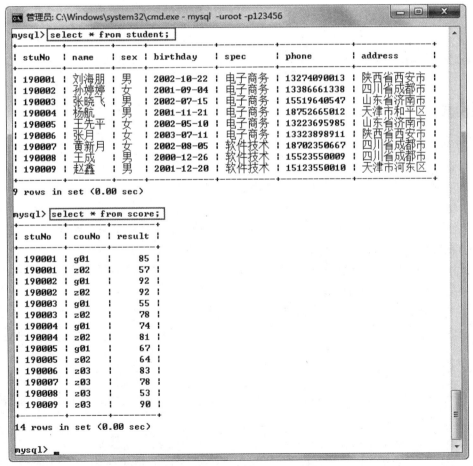

图 4.23　查看 student 和 score 表中数据

通过对本项目的学习,掌握了向数据表中插入记录、修改记录、删除记录的方法。另外,还学习了利用图形化管理工具更新记录的方法。这些方法不仅为后期数据查询操作的学习提供了基础,而且也为学生成绩管理系统的数据管理与维护做好充分的准备工作。

insert	插入	update	修改
delete	删除	value	值
default	默认值	where	条件
from	来自于…哪里	truncate	删除

一、选择题

1. 在 MySQL 数据库中,插入记录可使用(　　)命令。

（A）insert　　　　（B）delete　　　　（C）update　　　　（D）select

2. 在 MySQL 数据库中,更新记录可使用(　　)命令。

（A）insert　　　　（B）delete　　　　（C）update　　　　（D）select

3. 在 MySQL 数据库中,可使用(　　)命令快速地将表中的记录全部删除。

（A）from　　　　（B）truncate　　　　（C）update　　　　（D）DEL

4. 在 MySQL 数据库中,空值用(　　)表示。

（A）null　　　　（B）false　　　　（C）no　　　　（D）0

5. 查看当前数据库中有哪些表,使用(　　)命令。

（A）show tables　　（B）show table　　　　（C）use　　　　（D）create table

二、填空题

1. 在 MySQL 数据库中,使用 delete 命令删除记录时,如果不带 where 子句,则表示删除_____记录。

2. 在 MySQL 数据库中,插入记录时,各列的值之间用_____符号隔开。

3. 在 MySQL 数据库中,更新记录时,如果要将某字段的值更新为一个新的值,应该使用_____关键字。

4. 在 MySQL 数据库中,更新记录时,如果需要指定更新的条件,则使用_____子句。

5. 在 MySQL 数据库中,执行插入记录命令时,对于字符型数据值需要用_____括起来。

三、上机题

项目:网上书城数据库中包含 3 个数据库表,其表的数据记录如表 4.4 至表 4.6 所示。请按要求完成以下任务。

1. 完成网上书城数据库图书表 book、会员表 user、订单表 order 记录的插入。

2. 向 book 表中插入如下一条记录,内容为:b00009,网页设计与制作 ,2019/5/11,29.9

3. 向 user 表中插入如下一条记录,内容为:

u004,user04,123456, 女 ,567964370@qq,com,default,2018/10/11

4. 查询 book 表中出版社为"机械工业"的记录,并将查询结果存储在新表 newbook 中。

5. 查询 book 表中"b00001"这条记录,并将查询结果存储在 newbook 中。

6. 将 book 表中图书编号为"b00002"的"MySQL 数据库"的价格修改为 37.5。

7. 将 user 表中会员编号为"u003"的密码修改为"abc123"。

8. 将 book 表中"b00003"记录的"ISBN"号修改为"978711575727",同时将"press"修改为"电子工业"。

9. 将 book 和 newbook 表中"b00006"记录作者修改为"赵洪波"。

10. 删除 book 表中图书编号为"b00009"的图书信息。

11. 删除 user 表中会员号为"u004"的会员信息。

12. 清空数据表 newbook 中的所有数据。

表 4.4　图书表 book 数据

bID	bName	author	ISBN	press	pDate	price	stock
b00001	电子商务概论	李刚	9787115587486	人民邮电	2017/6/3	33.5	720
b00002	MySQL 数据库	王进波	9787564039627	电子工业	2017/8/5	39	216
b00003	Java 程序设计	刘志强	9787115275726	人民邮电	2019/3/11	30	350
b00004	C 语言	赵军	9787302506493	清华大学	2018/9/17	49	417
b00005	大数据基础	李海洋	9787302466018	清华大学	2019/3/22	39.5	1223
b00006	企业管理	赵万龙	9787514160392	机械工业	2019/1/26	36.8	670
b00007	计算机网络	徐飞	9787121302306	电子工业	2017/11/16	43	235
b00008	机械原理	黄建峰	9787564360882	机械工业	2018/4/21	42	1050

表 4.5　会员表 user 数据

uID	uName	password	sex	email	phone	address	regDate
u001	user01	123456	男	346772199@qq.com	15110512271	天津河东区	2016/6/8
u002	user02	123456	男	560921336@qq.com	13668489512	天津河西区	2017/3/24
u003	user03	123456	女	187990235@qq.com	18580957661	天津和平区	2018/9/13

表 4.6　订单表 order 数据

orderID	uID	bID	orderNum	orderTime	status	deliveryTime
E00001	u001	b00004	50	2019/5/22	1	2019/5/30
E00002	u001	b00005	80	2019/5/22	1	2019/5/30
E00003	u002	b00001	70	2019/6/5	1	2019/6/15
E00004	u002	b00002	55	2019/7/10	1	2019/7/20
E00005	u002	b00003	48	2019/8/26	1	2019/9/5

项目五 数据查询

本项目主要学习 MySQL 数据库中的数据查询方法。通过本项目的学习,能实现对学生成绩管理数据库中的单表查询、多表查询、统计查询以及子查询等功能。在任务实现过程中:

- 了解 select 语句的基本语法
- 学习单表查询与多表查询的方法
- 掌握常用聚合函数的使用方法
- 具有使用 Navicat 工具完成数据查询的能力

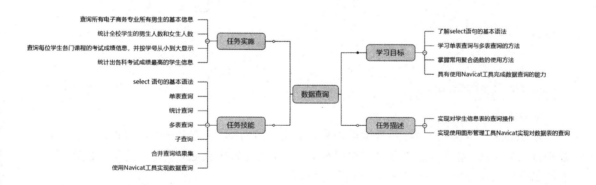

【情境导入】

在某高校现有学生成绩管理系统中,为了实现快速查找某个学生的基本信息,以及统计来自各个地区的学生人数、成绩等操作,需要使用数据查询功能。本项目将通过 SQL 语句对学生管理数据库中学生的学籍、课程及成绩等信息进行查询。

【功能描述】
● 实现对学生基本信息的查询操作
● 实现使用图形管理工具 Navicat 对数据表的查询

【基本框架】
通过本项目的学习,掌握在数据表中查询记录的方法。并能使用图形管理工具 Navicat 实现对数据表记录的查询操作。本项目操作时使用的数据表信息如表 4.1 至表 4.3 所示。

技能点 1　select 语句的基本语法

在 MySQL 中,在数据表拥有大量的数据记录后,除了对数据表能够完成数据更新操作外,另外需要重点考虑如何在数据表中查询需要的数据。查询数据的操作可以使用 select 语句来完成。使用 select 语句不但可以从数据库中精确地查询信息,而且可以模糊地查找带有某项特征的数据。其语法格式如下:

```
select [all|distinct] 要查询的内容
from 表名列表
[where 条件 ]
[group by 字段列表 [having 分组条件 ]]
[order by 字段列表 [asc|desc]]
[limit [offset,] n];
```

参数说明:
➢ select 要查询的内容:要查询的内容可以是一个字段、多个字段、表达式或函数。若是要查询部分字段,需要将各字段名用逗号分隔开,各字段名在 select 子句中的顺序决定了它们在结果中显示的顺序。用"*"表示返回所有字段。
➢ all|distinct:用来标识在查询结果集中对相同行的处理方式,默认值为 all。all 表示返回查询结果集中的所有行,包括重复行。distinct 表示若查询结果集中有相同的行,则只显示一行。
➢ from 表名列表:用于指定查询的数据表的名称以及它们之间的逻辑关系。
➢ where 条件:用于按指定条件进行查询。
➢ group by 字段列表:用于指定将查询结果根据什么字段进行分组。
➢ having 分组条件:用于指定对分组的过滤条件,选择满足条件的分组记录。
➢ order by 字段列表 [asc|desc]:用于指定查询结果集的排序方式,默认为升序。asc 用于

表示结果集按指定的字段升序排列，desc 表示结果集按指定的字段以降序排列。

➢ limit [offset,] n：用于限制查询结果的数量。limit 后面可以跟两个参数，第一个参数“offset”表示偏移量，如果偏移量为 0，则从查询结果的第一条记录开始显示，如果偏移量为 1，则从查询结果的第二条记录开始显示……依此类推。offset 为可选值，如果不指定具体的值，则其默认值为 0。第二个参数“n”表示返回的查询记录的条数。

注意：在上述语法结构中，select 语句共有 6 个子句，其中 select 和 from 子句为必选子句，而 where、group by、order by 和 limit 子句为可选子句，having 子句与 group by 子句联合使用，不能单独使用。

select 子句既可以实现数据的简单查询、结果集的统计查询，也可以实现多表查询。

技能点 2　单表查询

在 MySQL 中，单表查询是指从一张表中查询所需要的数据。

1. 查询所有字段

在 MySQL 中，查询所有字段是指查询表中所有数据。这种方式可以将表中的所有字段的数据都查出来。使用“*”表示所有列，即查询出所有字段。其语法格式如下：

```
select * from 表名 ;
```

在学生成绩管理数据库 mystudent 中，查询学生表 student 的全部记录。其 SQL 语句如示例代码 5-1 所示，效果如图 5.1 所示。

示例代码 5-1

```
select * from student;
```

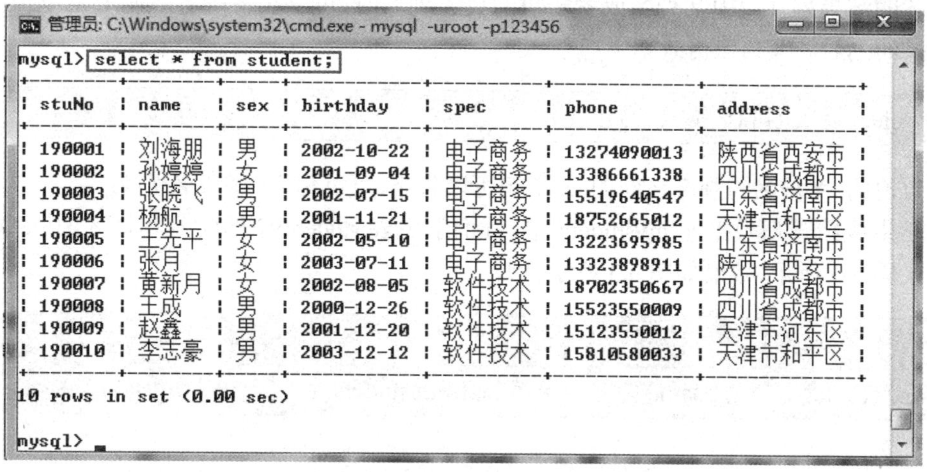
管理员: C:\Windows\system32\cmd.exe - mysql -uroot -p123456

mysql> select * from student;

stuNo	name	sex	birthday	spec	phone	address
190001	刘海朋	男	2002-10-22	电子商务	13274090013	陕西省西安市
190002	孙婷婷	女	2001-09-04	电子商务	13386661338	四川省成都市
190003	张晓飞	男	2002-07-15	电子商务	15519640547	山东省济南市
190004	杨航	男	2001-11-21	电子商务	18752665012	天津市和平区
190005	王先平	女	2002-05-10	电子商务	13223695985	山东省济南市
190006	张月	女	2003-07-11	电子商务	13323898911	陕西省西安市
190007	黄新月	女	2002-08-05	软件技术	18702350667	四川省成都市
190008	王成	男	2000-12-26	软件技术	15523550009	四川省成都市
190009	赵鑫	男	2001-12-20	软件技术	15123550012	天津市河东区
190010	李志豪	男	2003-12-12	软件技术	15810580033	天津市和平区

10 rows in set (0.00 sec)

mysql>

图 5.1　查看 student 表全部数据

2. 查询指定字段

在 MySQL 中,查询指定字段是指查询表中指定列的数据。这种方式可以将表中的指定列的数据查询出来,各列之间用逗号隔开。其语法格式如下:

```
select 字段名列表 from 表名;
```

在学生成绩管理数据库 mystudent 中,查询学生表 student 的学号、姓名、性别列的记录。其 SQL 语句如示例代码 5-2 所示,效果如图 5.2 所示。

示例代码 5-2

```
select stuNo,name,sex from student;
```

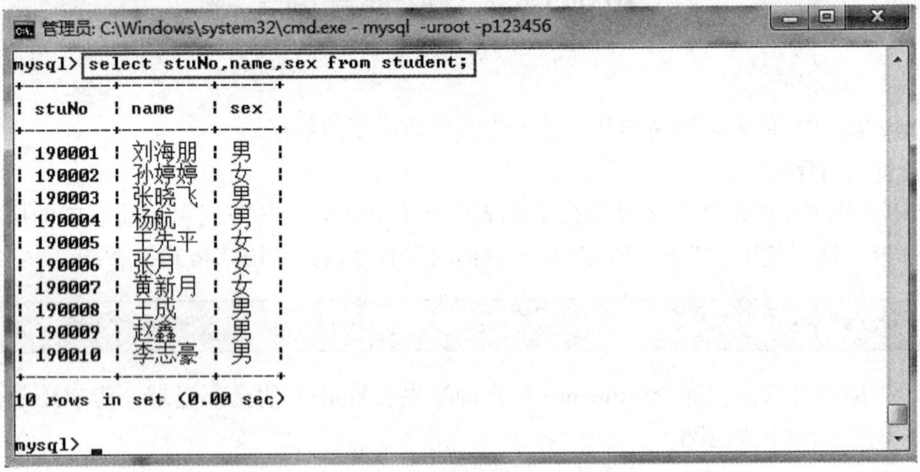

图 5.2　查看 student 表中学号、姓名、性别

3. 定义查询字段的别名

在 MySQL 中,在定义表结构时,字段名通常为英文字符。但如果在查询表中的数据时,希望显示的结果列使用中文列名或者较短的英文列名时,可以在字段名后使用 as 子句来更改查询结果的列名。其语法格式如下:

```
select 字段名 [as] 别名 from 表名;
```

参数说明:字段名与别名之间的 as 子句可以省略,可以写为"字段名 别名"。

在学生成绩管理数据库 mystudent 中,查询学生表 student 中的学号和姓名,其 SQL 语句如示例代码 5-3 所示,效果如图 5.3 所示。

示例代码 5-3

```
select stuNo 学号,name 姓名,sex 性别 from student;
```

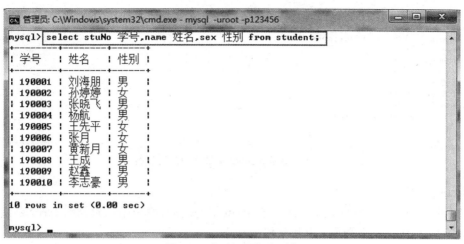

图 5.3　为列标题指定别名

4. 消除查询结果集中重复行

在 MySQL 中,可以使用 distinct 关键字来消除查询结果集中的重复行,以保证行的唯一性。其语法格式如下:

> select distinct 字段名列表 from 表名;

在学生成绩管理数据库 mystudent 中,查询学生表 student 中的所有专业。其 SQL 语句如示例代码 5-4 所示,效果如图 5.4 所示。

> 示例代码 5-4
>
> select spec from student;

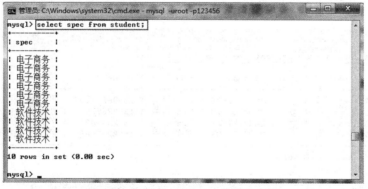

图 5.4　数据表 student 中的所有专业

如果想去除查询结果中的重复行,其 SQL 语句如示例代码 5-5 所示,效果如图 5.5 所示。

> 示例代码 5-5
>
> select distinct spec from student;

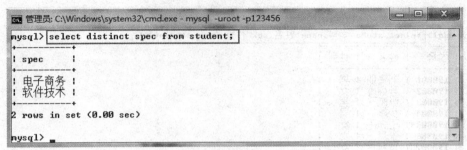

图 5.5　使用 distinct 关键字消除重复行

5.where 子句

在 MySQL 中，where 子句必须紧跟在 from 子句之后，用于指定查询的条件，这里的查询条件可以用多种运算符来指定。其语法格式如下：

> select 字段名列表 from 表名 where 条件；

where 子句后的条件可以是多种形式，判断的条件主要包括比较运算、逻辑运算、模式匹配、范围比较、空值比较等。

（1）带比较运算符的条件

比较运算用于比较两个表达式的值，MySQL 支持的比较运算符有 =、>、<、>=、<=、<>或 != 等。

在学生成绩管理数据库 mystudent 中，查询学生表 student 中所有女生的记录。其 SQL 语句如示例代码 5-6 所示，效果如图 5.6 所示。

> 示例代码 5-6
>
> select * from student where sex=' 女 ';

```
管理员: C:\Windows\system32\cmd.exe - mysql  -uroot -p123456

mysql> select * from student where sex='女';
+--------+--------+-----+------------+----------+-------------+--------------+
| stuNo  | name   | sex | birthday   | spec     | phone       | address      |
+--------+--------+-----+------------+----------+-------------+--------------+
| 190002 | 孙婷婷 | 女  | 2001-09-04 | 电子商务 | 13386661338 | 四川省成都市 |
| 190005 | 王先平 | 女  | 2002-05-10 | 电子商务 | 13223695985 | 山东省济南市 |
| 190006 | 张月   | 女  | 2003-07-11 | 电子商务 | 13323898911 | 陕西省西安市 |
| 190007 | 黄新月 | 女  | 2002-08-05 | 软件技术 | 18702350667 | 四川省成都市 |
+--------+--------+-----+------------+----------+-------------+--------------+
4 rows in set (0.00 sec)

mysql>
```

图 5.6　查询所有女生的信息

（2）带逻辑运算符的条件

逻辑运算用于将多个表达式通过逻辑运算符非、与、或（！或 NOT、&& 或 and、|| 或 OR）来组成更为复杂的查询条件。

在学生成绩管理数据库 mystudent 中，查询学生表 student 中电子商务专业的所有男生信息。其 SQL 语句如示例代码 5-7 所示，效果如图 5.7 所示。

示例代码 5-7
select * from student where spec=' 电子商务 ' and sex=' 男 ';

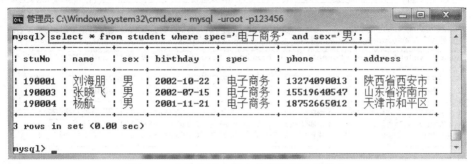

图 5.7　查询电子商务专业所有男生的信息

（3）带 LIKE 关键字的条件

LIKE 关键字用于模糊查询，它有两种通配符："%"和下划线"_"。"%"可以匹配一个或多个字符，而下划线"_"则表示匹配一个字符。这里的字符可以是英文字符，也可以是中文字符。

在学生成绩管理数据库 mystudent 中，查询学生表 student 中所有姓"王"的学生信息。其 SQL 语句如示例代码 5-8 所示，界面效果如图 5.8 所示。

示例代码 5-8
select * from student where name like ' 王 %';

图 5.8　查询所有姓王的学生信息

（4）带 between and 关键字的条件

between and 用于判断指定字段的值是否在指定的范围内。如果字段的值在指定范围内，则满足查询条件的记录将会被查询出来；如果不在指定范围内，则不满足条件。其语法格式如下：

select 字段名列表 from 表名 where 字段名 between 取值 1 and 取值 2;

　　在学生成绩管理数据库 mystudent 中，查询学生表 student 中所有在"2001 年 1 月 1 日"至
"2001 年 12 月 31 日"出生的学生信息。其 SQL 语句如示例代码 5-9 所示，效果如图 5.9 所示。

示例代码 5-9
select * from student where birthday between '2001-01-01' and '2001-12-31';

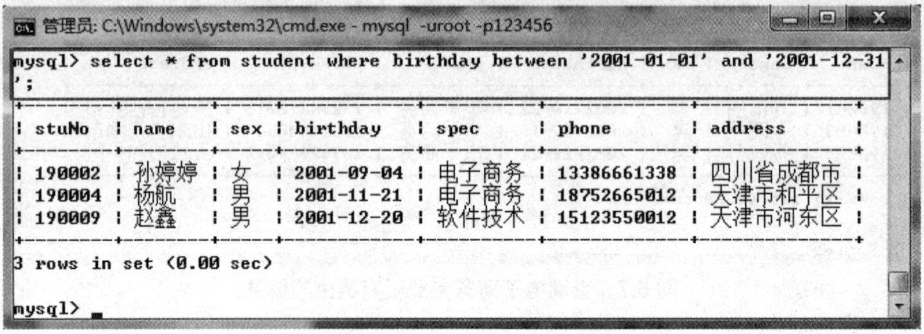

图 5.9　查询所有 2001 年出生的学生信息

　　（5）带 IN 关键字的条件

　　IN 关键字用于判断某个字段的值是否在指定的集合中。如果字段的值在集合中，则满足
条件的记录将被显示出来；如果不在集合中，则不满足条件。其语法格式如下：

select 字段名列表 from 表名 where 字段名 [NOT]IN(元素 1, 元素 2,…… 元素 n);

　　在学生成绩管理数据库 mystudent 中，查询学生表 student 中学号为"190003"和"190005"
的学生信息。其 SQL 语句如示例代码 5-10 所示，效果如图 5.10 所示。

示例代码 5-10
select * from student where stuNo IN ('190003', '190005');

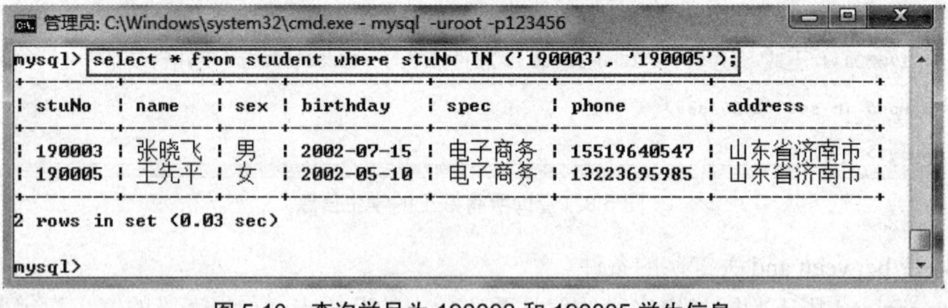

图 5.10　查询学号为 190003 和 190005 学生信息

　　注意：在实际应用中，使用 IN 与 between and 关键字的功能都可以用比较运算符和逻辑运
算符的组合来完成。

　　（6）带空值比较的条件

　　当需要判断一个表达式的值是否为空值时，可使用 is null 或 is not null 关键字。其语法格

式如下：

> select 字段名列表 from 表名 where 字段名 is [not] null;

在学生成绩管理数据库 mystudent 中，查询学生表 student 中联系电话不为空的学生信息。其 SQL 语句如示例代码 5-11 所示，界面效果如图 5.11 所示。

> 示例代码 5-11
>
> select * from student where phone is not null;

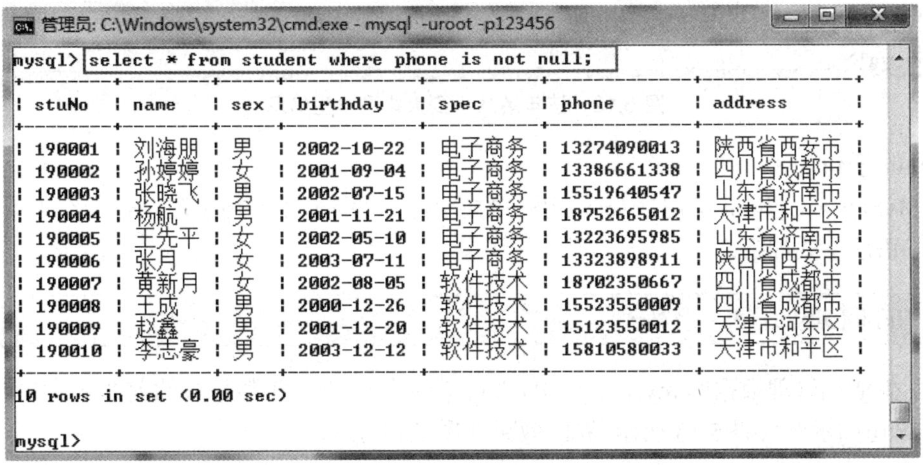

图 5.11　查询联系电话不为空的学生信息

6.order by 子句

在 MySQL 中，默认情况下，数据行是按照它们在表中的顺序进行排列的。可以使用 order by 子句对查询结果集中的数据行按照指定字段的值重新排列。其语法格式如下：

> select 字段名列表 from 表名 where 条件 order by 字段列表 [asc|desc];

参数说明：

➤ 字段列表：可以在 order by 子句中指定多个字段，查询结果首先按照第一个字段的值排序，第一个字段值相同的数据行，再按照第二个字段值排序，依次类推。

➤ [asc|desc]：可以规定数据行按升序排序（使用参数 asc），也可以规定数据行按降序排序（使用参数、desc），默认参数为升序。

➤ order by 子句要写在 where 子句的后面。

在学生管理数据库 mystudent 中，在学生表 student 中按年龄从小到大的顺序排序。其 SQL 语句如示例代码 5-12 所示，效果如图 5.12 所示。

> 示例代码 5-12
>
> select * from student order by birthday desc;

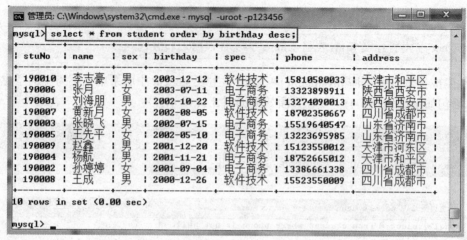

图 5.12　按年龄从小到大排列学生信息

7.limit 子句

在 MySQL 中，limit 子句是 select 语句的最后一个子句，主要用于限制查询结果集返回的行数。其语法格式如下：

[limit [offset,] n];

在学生成绩管理数据库 mystudent 中，查询学生表 student 年龄最大的前 3 名学生的信息。其 SQL 语句如示例代码 5-13 所示，界面效果如图 5.13 所示。

示例代码 5-13

select * from student order by birthday limit 3;

```
管理员: C:\Windows\system32\cmd.exe - mysql  -uroot -p123456
mysql> select * from student order by birthday limit 3;
+--------+---------+-----+------------+----------+-------------+--------------+
| stuNo  | name    | sex | birthday   | spec     | phone       | address      |
+--------+---------+-----+------------+----------+-------------+--------------+
| 190008 | 王成    | 男  | 2000-12-26 | 软件技术 | 15523550009 | 四川省成都市 |
| 190002 | 孙婷婷  | 女  | 2001-09-04 | 电子商务 | 13386661338 | 四川省成都市 |
| 190004 | 杨航    | 男  | 2001-11-21 | 电子商务 | 18752665012 | 天津市和平区 |
+--------+---------+-----+------------+----------+-------------+--------------+
3 rows in set (0.03 sec)

mysql>
```

图 5.13　查询年龄最大的 3 名学生信息

8. 将查询结果插入到新表

在 MySQL 中，如果要将某个查询结果用一个新的数据表存储，其语法格式如下：

create table < 新表名 >(select 字段 1, 字段 2,……from 原表);

参数说明：

➤ create table：表示创建一个新表，专门用于保存查询结果。

➤ 新表名：表示将查询结果保存至某个新表的名字。要注意的是，这个新表无须提前创建，系统会自动根据查询的结果集创建表的结构并添加记录。

➤ select：表示查询，可用"*"表示查询表的全部字段，该命令的具体用法将在后续的项目中学习。

查询学生成绩管理数据库 mystudent 的 student 表中的所有女生的记录，并将查询结果保存到 newstudent 表中。其 SQL 语句如示例代码 5-14 所示：

注：此操作前先将 newstudent 表进行删除，具体操作不再赘述。

示例代码 5-14
create table newstudent (select * from student where sex=' 女 ');

执行上述命令后，使用 show tables; 命令来查看当前数据库中有哪些表，效果如图 5.14 所示。

图 5.14　查看 mystudent 库中当前存在的表

从图中可以看出，在 mystudent 数据库中新增加了一个名为 newstudent 的数据表，这个数据表正是通过执行 create table 命令来创建的。为了验证 newstudent 表中的数据是否正确，可以使用 select * from < 表名 >; 命令来查看表的记录是否已经插入成功，效果如图 5.15 所示。

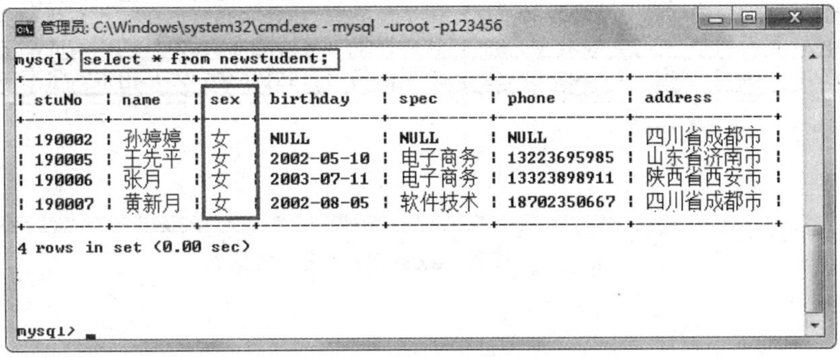

图 5.15　查看 newstudent 表中数据

从图中可以看出，newstudent 表中已经成功存储了 student 中的所有女生的信息。需要注意的是,若 newstudent 表已经存在,则执行上述 SQL 语句将会报错,系统提示该表已经存在,不能完成创建操作。效果如图 5.16 所示。

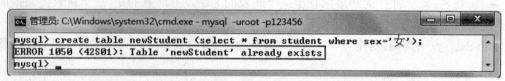

图 5.16　将查询结果集重复创建至 newstudent 表中的报错信息

9. 将查询结果插入到已存在的表

在 MySQL 中,如果要将某个查询结果插入到一个已存在的数据表中,其语法格式如下:

> insert into < 表名 >< 子查询语句 >;

参数说明:

➢ < 表名 >:表示一个已经存在表,用于插入新的查询结果到这个表中。
➢ < 子查询语句 >:表示准备存放至新表的查询结果记录集。

例如,查询学生成绩管理数据库 mystudent 的 student 表中学号为"190003"的记录,并将查询结果插入到 newStudent 表中。其 SQL 语句如示例代码 5-15 所示:

> 示例代码 5-15
>
> insert into newstudent select * from student where stuNo='190003';

执行上述命令后,使用 select * from < 表名 >; 命令来查看表的记录是否已经插入成功。效果如图 5.17 所示,newstudent 表中已插入 student 中学号为"190003"的记录。

```
管理员: C:\Windows\system32\cmd.exe - mysql  -uroot -p123456

mysql> select * from newstudent;
+--------+----------+------+------------+----------+-------------+----------------+
| stuNo  | name     | sex  | birthday   | spec     | phone       | address        |
+--------+----------+------+------------+----------+-------------+----------------+
| 190002 | 孙婷婷   | 女   | NULL       | NULL     | NULL        | 四川省成都市   |
| 190005 | 王先平   | 女   | 2002-05-10 | 电子商务 | 13223695985 | 山东省济南市   |
| 190006 | 张月     | 女   | 2003-07-11 | 电子商务 | 13323898911 | 陕西省西安市   |
| 190007 | 黄新月   | 女   | 2002-08-05 | 软件技术 | 18702350667 | 四川省成都市   |
| 190003 | 张晓飞   | 男   | 2002-07-15 | 电子商务 | 15519640547 | 山东省济南市   |
+--------+----------+------+------------+----------+-------------+----------------+
5 rows in set (0.00 sec)

mysql>
```

图 5.17　查看 newstudent 表中数据

技能点 3　统计查询

在 MySQL 中，select 语句可以通过聚合函数和 group by 子句、having 子句的组合对查询结果集进行求和、平均值、最大值、最小值、分组等统计查询。

1. 聚合函数

聚合函数用于对查询结果集中的指定字段进行统计，并输出统计值。常用的聚合函数有 count、sum、avg、max、min 等。

（1）count 函数

聚合函数中最经常使用的是 count 函数，用于统计表中满足条件的行数或总行数。返回 select 语句查询到的行中非 null 值的项目，若找不到匹配的行，则返回 0。其语法格式如下：

> count(all|distinct 表达式 |*);

参数说明：

> ➤ 表达式：可以是常量、字段名、函数。
> ➤ all|distinct：all 表示对所有值进行运算，distinct 表示去除重复值，默认为 all。
> ➤ count(*)：使用 count(*) 函数时将返回检索行的总数目，不论其是否包含 null 值。

在学生成绩管理数据库 mystudent 中，查询学生表 student 中学生总人数。其 SQL 语句如示例代码 5-16 所示，效果如图 5.18 所示。

示例代码 5-16
select count(*) as 学生总人数 from student;

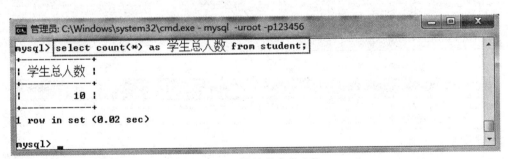

图 5.18　统计学生总人数

（2）max 和 min 函数

max 和 min 函数分别用于统计表中满足条件的所有值项的最大值和最小值。当给定的列上只有空值或者检索出的中间结果为空时，max 和 min 函数的值也为空。其语法格式如下：

> max/min(all|distinct 表达式);

在学生成绩管理数据库 mystudent 中,查询成绩表 score 中课程号为"g01"的最高分和最低分。其 SQL 语句如示例代码 5-17 所示,效果如图 5.19 所示。

示例代码 5-17

select couNo as 课程号 ,max(result) as 最高分 , min(result) as 最低分

from score where couNo='g01';

```
管理员: C:\Windows\system32\cmd.exe - mysql  -uroot -p123456
mysql> select couNo as 课程号,max(result) as 最高分, min(result) as 最低分
    -> from score where couNo='g01';
+--------+--------+--------+
| 课程号 | 最高分 | 最低分 |
+--------+--------+--------+
| g01    |   92   |   55   |
+--------+--------+--------+
1 row in set (0.06 sec)

mysql>
```

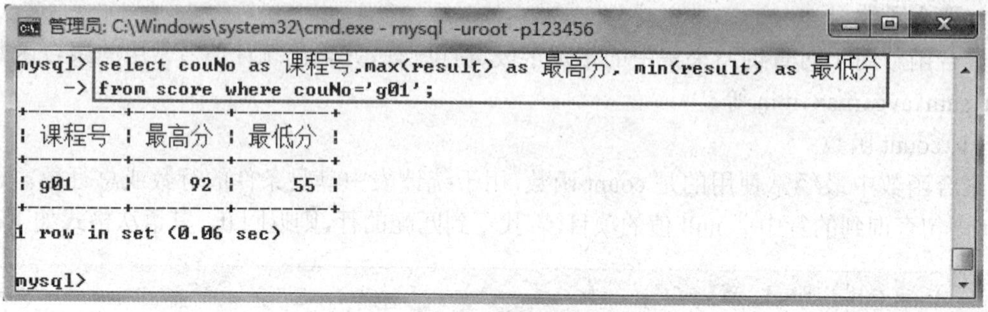

图 5.19 统计课程最高分与最低分

（3）sum 和 avg 函数

sum 和 avg 函数分别用于统计表中满足条件的所有值项的总和与平均值,其数据类型只能是数值型数据。其语法格式如下:

---

sum/avg(all|distinct 表达式);

在学生成绩管理数据库 mystudent 中,查询成绩表 score 中课程号为"g01"的总分和平均分。其 SQL 语句如示例代码 5-18 所示,效果如图 5.20 所示。

示例代码 5-18

select couNo as 课程号 ,sum(result) as 总分 , avg(result) as 平均分

from score where couNo='g01';

```
管理员: C:\Windows\system32\cmd.exe - mysql  -uroot -p123456
mysql> select couNo as 课程号,sum(result)  as 总分, avg(result)  as 平均分
    -> from score where couNo='g01';
+--------+------+---------+
| 课程号 | 总分 | 平均分  |
+--------+------+---------+
| g01    | 373  | 74.6000 |
+--------+------+---------+
1 row in set (0.03 sec)

mysql>
```

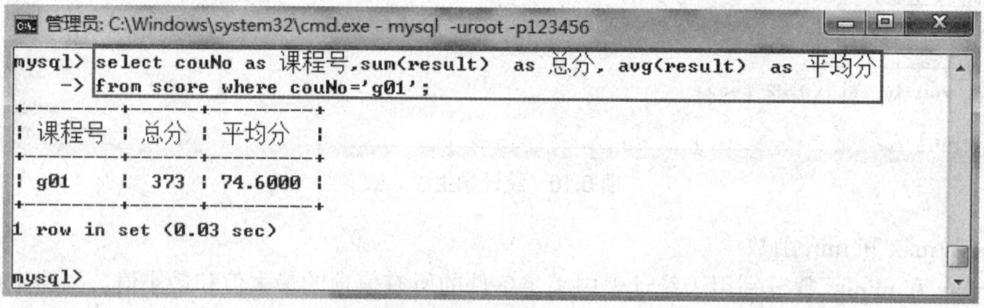

图 5.20 统计课程总分与平均分

2.group by 子句

group by 子句主要用于对查询结果集按指定字段值进行分组,字段值相同的放在一组。

聚合函数与 group by 子句配合使用可以对查询结果进行分组统计。其语法格式如下：

> select 字段名列表 from 表名
> [where 条件]
> group by 字段列表 | 表达式 [having 分组条件];

参数说明：

➢ group by：该子句常和聚合函数一起使用，可以根据一个或多个字段进行分组，也可以根据表达式进行分组。

➢ 使用 group by 子句进行分组统计时，select 子句要查询的字段只能是以下两种情况：第一，字段应用了聚合函数；第二，未应用聚合函数的字段必须包含在 group by 子句中。

➢ having 子句与 group by 子句的区别：第一，where 子句设置的查询筛选条件在 group by 子句之前发生作用，并且条件中不能使用聚合函数；第二，having 子句设置的查询筛选条件在 group by 子句之后发生作用，并且条件中允许使用聚合函数。

在学生成绩管理数据库 mystudent 中，查询成绩表 score 中课程号为"g01"和"z02"的最高分、最低分。其 SQL 语句如示例代码 5-19 所示，界面效果如图 5.21 所示。

示例代码 5-19

select couNo as 课程号 ,max(result) as 最高分 , min(result) as 最低分
from score group by couNo having couNo='g01' || couNo='z02' ;

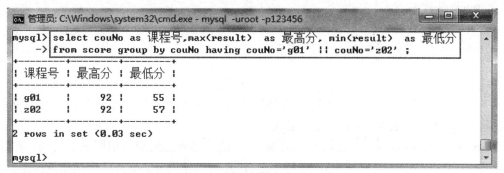

图 5.21　汇总统计课程最高分与最低分

技能点 4　多表查询

在实际查询中，很多情况下用户需要的数据并不完全在一个表中，而是存在于多个不同的表中，这时就需要使用多表查询。多表查询是通过各个表之间的共同列的相关性来查询数据。多表查询首先要在这些表中建立连接，再在连接生成的结果集基础上进行筛选。其语法格式如下：

```
select [ 表名 .] 目标字段名 [as] 别名 ,……
from 表 1 [as 别名 ] 连接类型 表 2 [as 别名 ]
on 连接条件
[where 条件表达式 ];
```

参数说明：

➢ [表名 .] 目标字段名 [as] 别名：指显示的查询结果的字段名，若查询结果的字段在两个表之间的重名字段，则需要指定显示具体某个表的字段名，否则 [表名] 部分可以省略。

➢ on 连接条件：指表与表之间连接的条件，一般是指表之间拥有相同的值的列。

➢ 连接类型：主要包括内连接与外连接两种类型。

1. 内连接

内连接是指用比较运算符设置连接条件，只返回满足连接条件的数据行。其语法格式如下：

```
select 字段名列表
from 表 1 [as 别名 ] [inner] join 表 2 [as 别名 ]
on 表 1. 字段名 比较运算符 表 2. 字段名
[where 条件表达式 ];
```

或

```
select 字段名列表
from 表 1 [as 别名 ], 表 2 [as 别名 ]
where 表 1. 字段名 比较运算符 表 2. 字段名
```

参数说明：

➢ 字段名列表：指显示的查询结果的字段名，若查询结果的字段在两个表之间的重名字段，则需要指定使用 [表名 . 字段名] 的格式。

➢ on 连接条件：指表与表之间连接的条件，一般是指表之间拥有相同的值的列。在使用内连接时，连接条件除了可以使用 on 关键字之外，还可以使用 where 条件来指定连接条件，两者功能相同。

在学生成绩管理数据库 mystudent 中，查询每个学生的学号、课程名、成绩。其 SQL 语句如示例代码 5-20 或示例代码 5-21 所示，效果如图 5.22 所示。

示例代码 5-20
方法一：
select s.stuNo,c.couName,s.result from course as c inner join score as s on c.couNo=s.couNo;

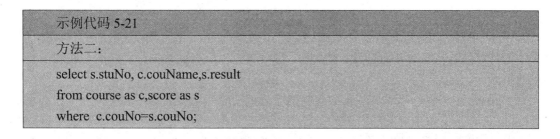

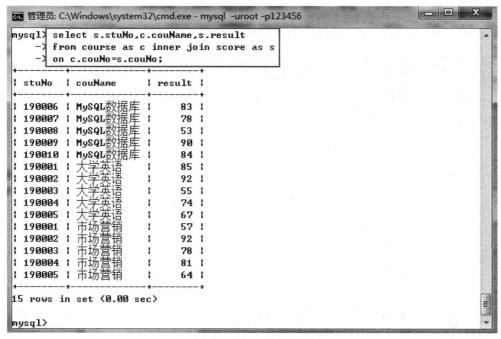

图 5.22　使用内连接查询

2. 外连接

外连接与内连接不同,有主从表之分。使用外连接时,以主表中的每一行数据去匹配从表中的数据行,如果符合连接条件则返回到结果集中;如果没有找到匹配的数据行,则在结果集中仍然保留主表的数据行,相对应的从表中的字段则补填上 null 值。外连接包括 3 种类型,左外连接、右外连接、全外连接。其语法格式如下:

> select 字段名列表
> from 表 1 [as 别名] left|right|full join 表 2 [as 别名]
> on 表 1. 字段名 比较运算符 表 2. 字段名 ;

参数说明:

➤ 字段名列表与 on:这里的字段名列表与 on 关键字的用法与内连接的用法一致,但外连接只适用于两个表。

➤ left:指左外连接,即左表为主表,连接关键字为 left join。将左表中的所有数据行与右表中的每行按连接条件进行匹配,结果集中包括左表中所有的数据行。左表与右表没有相匹配的数据行,在结果集中对应的右表字段以 null 来填充。

➢ right:指右外连接,即右表为主表,连接关键字为 right join。将右表中的所有数据行与左表中的每行按连接条件进行匹配,结果集中包括右表中所有的数据行。左表与右表没有相匹配的数据行,在结果集中对应的左表字段以 null 来填充。

➢ full:指全外连接,查询结果集中包括两个表的所有数据行。若左表中每一行在右表中有匹配数据,则结果集中对应的右表的字段填入相应数据,否则填充为 null;若右表中每一行在左表中没有匹配数据,则结果集中对应的左表的字段填充为 null。

在学生成绩管理数据库 mystudent 中,查询每个学生的学号、姓名、课程号、成绩信息。其 SQL 语句如示例代码 5-22 所示,效果如图 5.23 所示。

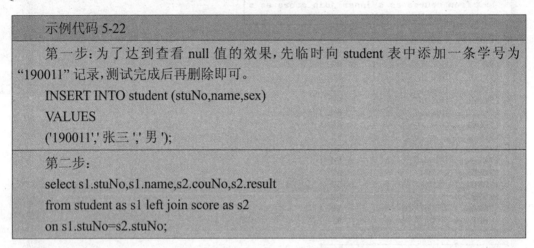

示例代码 5-22

第一步:为了达到查看 null 值的效果,先临时向 student 表中添加一条学号为“190011”记录,测试完成后再删除即可。

INSERT INTO student (stuNo,name,sex)

VALUES

('190011',' 张三 ',' 男 ');

第二步:

select s1.stuNo,s1.name,s2.couNo,s2.result

from student as s1 left join score as s2

on s1.stuNo=s2.stuNo;

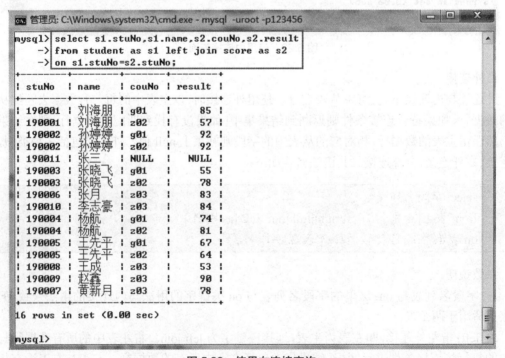

图 5.23　使用左连接查询

技能点 5 子查询

在实际情况中,单个查询很多时候不能满足用户的使用需求,这时候就可以使用子查询语句。包含子查询的 select 语句称为父查询或外部查询。子查询可以多层嵌套,执行时由内向外,即每一个子查询在其上一级父查询之前被处理,其查询结果回送给父查询。在 MySQL 中,子查询主要分为:带比较运算符的子查询、带 IN 关键字的子查询、批量比较子查询。

1. 带比较运算符的子查询

比较子查询是指在父查询与子查询之间用比较运算符进行连接的查询。这种类型的子查询中,子查询返回的值最多只能有一个。

在学生成绩管理数据库 mystudent 中,查询比学号为"190001"的平均成绩的高的学生学号、课程号、成绩信息。其 SQL 语句如示例代码 5-23 所示,效果如图 5.24 所示。

示例代码 5-23
select stuNo,couNo,result from score where result> (select avg(result) from score group by stuNo having stuNo='190001');

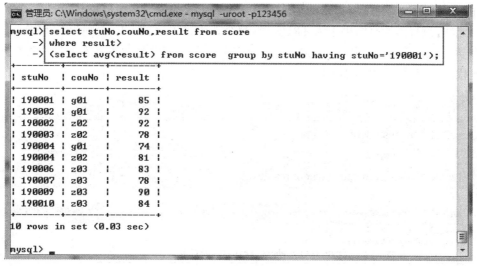

图 5.24 使用比较子查询

2. 带 IN 关键字的子查询

IN 子查询是指父查询与子查询之间用 IN 或 NOT IN 进行连接并判断某个字段的值是否在子查询查找的集合中。

在学生成绩管理数据库 mystudent 中,查询考试有不及格的学生学号及姓名。其 SQL 语句如示例代码 5-24 所示,效果如图 5.25 所示。

> **示例代码 5-24**
>
> select stuNo,name from student
>
> where stuNo=in
>
> (select stuNo from score where result<60);

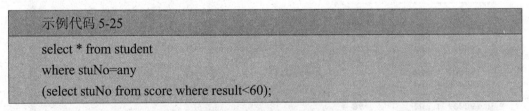

图 5.25　使用 IN 子查询

3. 批量比较子查询

批量比较子查询是指子查询的结果不止一个,父查询和子查询之间需要用比较运算符进行连接。这时候,就需要在子查询前面加上 all 或 any。

使用 any 关键字时,会使用指定的运算符将一个表达式的值或字段的值与每一个子查询返回值进行比较,只要有一次比较结果为 TRUE,则整个表达式的值为 TRUE,否则为 FALSE。而使用 all 关键字时,会使用指定的运算符将一个表达式的值或字段的值与每一个子查询返回值进行比较,只有当所有结果都为 TRUE 时,整个表达式才为 TRUE,否则为 FALSE。

在学生成绩管理数据库 mystudent 中,查询考试有不及格的学生基本信息。其 SQL 语句如示例代码 5-25 所示,效果如图 5.26 所示。

> **示例代码 5-25**
>
> select * from student
>
> where stuNo=any
>
> (select stuNo from score where result<60);

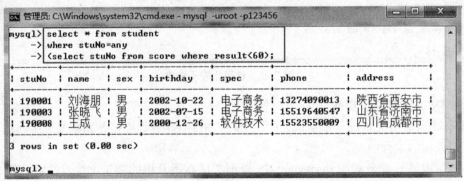

图 5.26　批量比较子查询

　　注意：在实际应用中，子查询和连接查询都可实现相同的查询功能，用户可根据实际情况选择使用。

技能点 6　合并查询结果集

　　在实际查询中，因为某种特殊情况，需要将几个 select 语句的查询结果合并在一起显示。合并查询结果使用 union 和 union all 关键字实现，其中 union 关键字不仅可以将多个结果集合并到一起，且可以去除相同的记录，而 union all 关键字只合并结果集不会去除相同的记录。

　　在学生成绩管理数据库 mystudent 中，输出所有学生和课程的编号和名字信息。其 SQL语句如示例代码 5-26 所示，界面效果如图 5.27 所示。

示例代码 5-26
select stuNo as 学号 ,name as 姓名 from student union select couNo as 学号 ,couName as 姓名 from course;

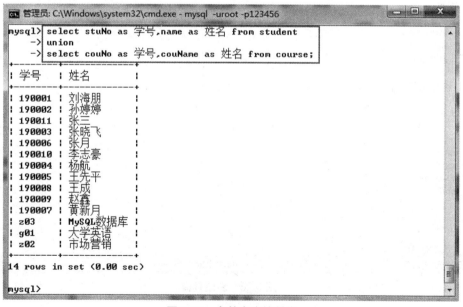

图 5.27　合并查询结果集

技能点 7　使用 Navicat 工具实现数据查询

在 MySQL 中,除了可以利用命令提示符窗口查询数据表的记录外,还可以使用图形管理工具 Navicat 来实现数据查询。使用 Navicat 工具可以非常方便地在数据库中实现数据的查询。

(1)在左侧"连接树"工具栏中打开 mystudent 数据库,单击工作区中的"新建查询"按钮。效果如图 5.28 所示。

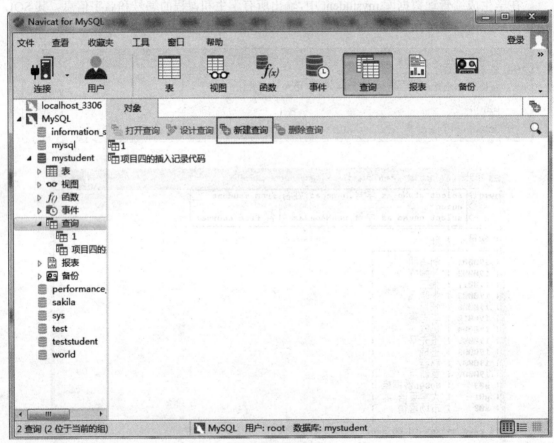

图 5.28　新建查询

(2)新建查询后,在主工作区中可以看到两个选项卡,分别是"查询创建工具"和"查询编辑器"。在"查询创建工具"中可以选择要查询的表和字段,以及输入相应的查询条件即可。效果如图 5.29 所示。

(3)在工作区中设置好相应的查询子句,再点击主界面上的"运行"按钮即可。效果如图 5.30 所示。

(4)除了可以在"查询创建工具"中创建查询外,还可以在"查询编辑器"中直接输入查询的 select 语句直接运行。效果如图 5.31 所示。

图 5.29　通过查询创建工具辅助创建查询

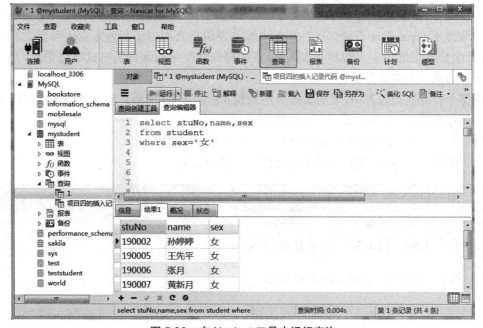

图 5.30　在 Navicat 工具中运行查询

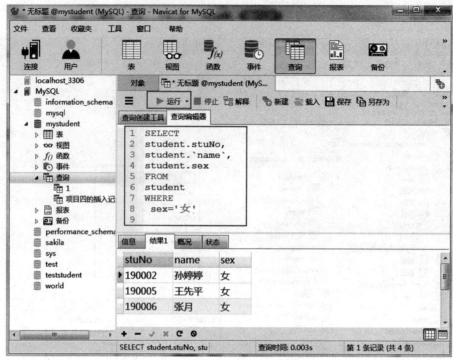

图 5.31　在 Navicat 工具中运行查询

项目任务:在某高校的学生成绩管理系统中,需要由该高校的数据库管理员完成对学生成绩管理数据库 mystudent 查询测试。任务内容主要包括查询电子商务专业所有男生的基本信息;统计全校学生的男生人数和女生人数;查询每位学生各门课程的考试成绩信息,并统计出各科考试的第一名的学生信息。

在整个任务实施过程中,表的数据分别如表 4.1 至表 4.3 所示。整个任务将通过以下四个步骤的操作实现对 MySQL 数据库的数据查询。

第一步:查询电子商务专业所有男生的基本信息。

(1)根据分析,执行 SQL 语句如示例代码 5-27 所示:

示例代码 5-27

```
select * from student
where spec=' 电子商务 ' && sex=' 男 ';
```

(2)执行上述命令,效果如图 5.32 所示。

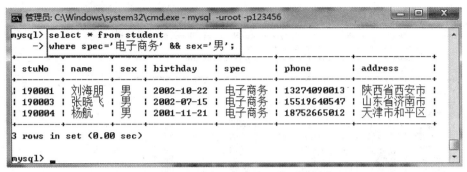

图 5.32　查询电子商务专业的男生信息

第二步:统计全校学生的男生人数和女生人数。

(1)根据分析,执行 SQL 语句如示例代码 5-28 所示:

示例代码 5-28
select sex as 性别 ,count(*) as 人数 from student group by sex;

(2)执行上述命令,效果如图 5.33 所示。

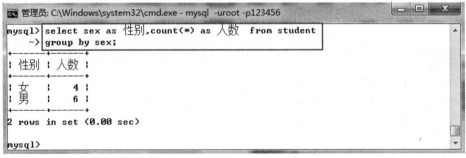

图 5.33　统计全校学生的男女人数

第三步:查询每位学生各门课程的考试成绩信息,并按学号从小到大显示。

(1)根据分析,执行 SQL 语句如示例代码 5-29 所示:

示例代码 5-29
select s.stuNo,s.name,s.sex,c.couNo,c.couName,sc.result from student s,course c,score sc where s.stuNo=sc.stuNo and c.couNo=sc.couNo order by stuNo;

(2)执行上述命令,效果如图 5.34 所示。

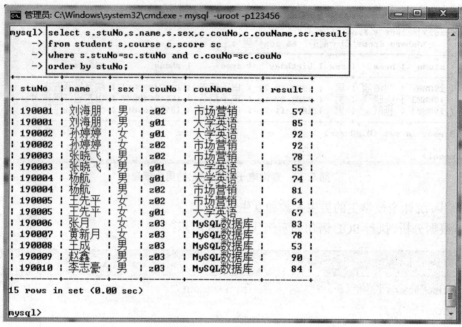

图 5.34 查询每位学生各门课程的考试成绩

第四步：统计出各科考试成绩最高的学生信息

（1）根据分析，执行 SQL 语句如示例代码 5-30 所示：

示例代码 5-30

```
select s.name,sc.*
from（select couNo,max（result）m from score sc group by couNo）c,score sc,students
where  c.couNo = sc.couNo and  s.stuNo = sc.stuNo and c.m = sc.result；
```

（2）执行上述命令，效果如图 5.35 所示。

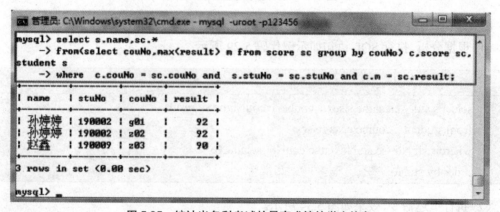

图 5.35 统计出各科考试的最高成绩的学生信息

通过本项目的学习,熟悉了 select 语句的基本语法,掌握了单表查询与多表查询的使用方法,并能使用聚合函数完成统计查询。此外,还掌握了利用图形化管理工具 Navicat 实现数据查询的方法。

select	查询	order by	排序
limit	限制	group by	分组
distinct	不同的	join	连接
union	合并	count	统计

一、选择题

1. 数据查询语句 select 由多个子句构成,(　　)子句能够将查询结果按照指定字段的值进行分组。

（A）order by　　　　　　（B）limit　　　（C）group by　　　　　　（D）distinct

2. 在查询中,where 子句用于指定(　　)。

（A）查询结果的分组条件　　　　　　（B）查询结果的统计方式

（C）查询结果的排序条件　　　　　　（D）查询结果的搜索条件

3. 在学生管理数据库中,查询所有姓"王"的学生信息,可使用(　　)命令。

（A）select * from student where name like ' 王 %';

（B）select * from student where name=' 王 _';

（C）select * from student where name like '% 王 ';

（D）select * from student where name in ' 王 %';

4. 在查询时,要在成绩表 score 中查询成绩在 80~90 之间(含两端点成绩)的成绩信息,可使用(　　)命令。

（A）select * from score where result between 80 OR 90;

（B）select * from score where result between 80 and 90;

（C）select * from score where result >=80 OR result<=90;

（D）select * from score where 80<=result<=90;

5. 执行 SQL 语句"select stuNo,name from student order by stuNo limit 2,2;",查询结果将返

回哪几行数据？（　　　）

　　（A）返回了两行数据，分别是第 1 行和第 2 行数据

　　（B）返回了两行数据，分别是第 2 行和第 3 行数据

　　（C）返回了两行数据，分别是第 3 行和第 4 行数据

　　（D）返回了两行数据，分别是第 4 行和第 5 行数据

二、填空题

　　1. 在查询中，如果要将查询结果进行排序，应使用＿＿＿＿＿＿子句，其中＿＿＿＿＿＿关键字表升序，＿＿＿＿＿＿关键字表降序。

　　2. 在查询中可使用聚合函数，用＿＿＿＿＿＿来求指定字段的最大值，＿＿＿＿＿＿来求指定字段的最小值，＿＿＿＿＿＿来求指定字段的平均值，＿＿＿＿＿＿来求指定字段的总和。

　　3. MySQL 支持模糊查询，其模糊查询使用的关键字是＿＿＿＿＿＿命令，其＿＿＿＿＿＿通配符表示单个字符，＿＿＿＿＿＿通配符表示任意字符。

　　4. 在 MySQL 数据库中，在查询条件中，可以使用逻辑运算符，其常用的逻辑运算符有非、与、或，可以用 NOT 或＿＿＿＿＿＿来表示非运算，可以用 and 或＿＿＿＿＿＿来表示与运算，可以用 OR 或＿＿＿＿＿＿来表示或运算。

　　5. 在查询时，如果要将两个查询结果连接起来，并且去除相同的记录，可使用＿＿＿＿＿＿关键字。

三、上机题

　　项目：网上书城数据库中包含 3 个数据库表，其表的数据记录如表 4.4 至表 4.6 所示。请按要求完成以下任务。

　　1. 查询单价高于 35 元的图书信息。

　　2. 查询所有人民邮电出版社出版的图书信息。

　　3. 查询近三年出版的图书信息。

　　4. 查询数据库中的图书信息，要求按库存量降序排列。

　　5. 在图书表中，分组统计各大出版社拥有的图书种类数。

　　6. 查询图书表中，每个出版社图书的最高价格、最低价格、平均价格。

　　7. 查询会员编号为"u001"所订购的图书信息，要求显示会员名、订单号、图书名称、ISBN 号、订单数量、发货状态信息。

　　8. 统计各会员单位订购的图书总册数。

　　9. 输出订购了《大数据基础》图书的会员名称、联系电话、订购数量。

　　10. 输出暂时无任何会员订购的图书名称、ISBN 以及出版社信息。

项目六　索引与视图

本项目主要介绍在 MySQL 中如何通过创建索引与视图来提高查询效率，使查询变得更加简单、高效。通过本项目的学习，能根据学生成绩管理数据库的要求，完成索引与视图的创建。在任务实现过程中：

- 了解索引与视图的概念
- 学习使用索引与视图
- 掌握索引与视图的创建与使用方法
- 具有使用 Navicat 工具操作索引与视图的能力

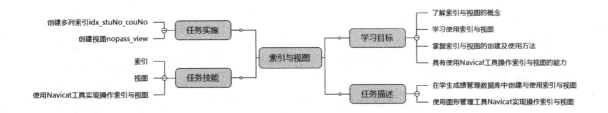

【情境导入】

在某高校现有学生成绩管理系统中，为了实现快速查找某个学生的各种复杂的信息，提高查询速度，现准备在学生成绩管理系统中增加索引与视图功能。本项目将通过建立索引与视图对学生成绩管理数据库中学生、课程及成绩等信息实现更高效率的查询。

【功能描述】

- 在学生成绩管理数据库中操作索引与视图

● 使用图形管理工具 Navicat 操作索引与视图

【基本框架】

通过本项目的学习,掌握在学生成绩管理数据库表中建立索引与视图的方法。并能使用图形管理工具 Navicat 灵活操作索引与视图。本项目操作时使用的数据表信息如表 4.1 至表 4.3 所示。

技能点 1　索引

在数据库操作中,用户经常需要查找特定的数据,而索引则用来快速寻找那些具有特定值的记录。例如,当执行"select * from student where stuNo='190005';"语句时,如果没有索引,MySQL 数据库必须从第一条记录开始扫描表,直至找到 stuNo 字段值为"190005"的记录。数据表里面的记录数量越多,这个操作花费的时间代价就越高。如果作为搜索条件的字段上创建了索引,MySQL 在查找时,无需扫描所有记录即可迅速得到目标记录所在的位置,能大大提高查找的效率。

1. 索引概述

如果把数据表看成一本书,则表的索引就如同书的目录一样,可大幅度地提高查询速度,改善数据库的性能。其具体表现如下:

➢ 可以加快数据的检索速度。

➢ 可以加快表与表之间的连接。

➢ 在使用 ORDER BY 和 GROUP BY 子句进行数据检索时,可以显著减少查询中分组和排序的时间。

➢ 唯一性索引可以保证数据记录的唯一性。

注意:索引带来的检索速度的提高也是有代价的,因为索引要占用存储空间,而且为了维护索引的有效性,向表中插入数据或者更新数据时,数据库还要执行额外的操作来维护索引。所以,过多的索引不一定能提高数据库的性能,必须科学地设计索引,才能提高数据库的性能。

(1)索引的分类

在 MySQL 中,索引有很多种,主要分类如下。

①普通索引(INDEX)

普通索引是最基本的索引类型,允许在定义索引的字段中插入重复值或空值。创建普通索引的关键字是 INDEX。

②唯一索引(UNIQUE)

唯一索引指索引字段的值必须唯一,但允许有空值。如果在多个字段上建立组合索引,则字段的组合必须唯一。创建唯一索引的关键字是 UNIQUE。

③全文索引（FULLTEXT）

全文索引指在定义索引的字段上支持值的全文查找。该索引类型允许在索引字段上插入重复值和空值，它只能在 CHAR、VARCHAR 或 TEXT 类型的字段上创建。

④多列索引

多列索引指在表中多个字段上创建的索引。只有在查询条件中使用了这些字段中的第一个字段时，该索引才会被使用。例如在学生表的"学号"、"姓名"和"专业"字段上创建一个多列索引，那么，只有在查询条件中使用了"学号"字段时，该索引才会被使用。

（2）索引的设计原则

索引设计得不合理或缺少索引都会给数据库的应用造成障碍。高效的索引对于用户获得良好的性能体验非常重要。设计索引时，应该考虑以下原则。

①索引并非越多越好

一个表中如有大量的索引，不仅占用磁盘空间，而且会影响 INSERT、UPDATE、DELETE 等语句的性能。因为在更改表中的数据时，索引也会进行调整和更新。

②避免对经常更新的表建立太多索引

对经常查询的字段应该建立索引，但要避免对不必要的字段建立索引。

③数据量小的表最好不要建立索引

由于数据较少，查询花费的时间可能比遍历索引的时间还要短，索引可能不会产生优化的效果。

④在不同值较少的字段上不要建立索引

字段中的不同值比较少，例如学生表的"性别"字段，只有"男"和"女"两个值，这样的字段就无须建立索引。

⑤为经常需要进行排序、分组和连接查询的字段建立索引

为频繁进行排序或分组的字段和经常进行连接查询的字段创建索引。

2. 创建索引

在 MySQL 中，对索引的操作主要通过以下几种方式进行。

（1）创建表的同时创建索引

用 create table 命令创建表的时候就创建索引，此方式简单、方便。其语法格式如下：

```
create table 表名
(
字段名 数据类型 [ 约束条件 ],
字段名 数据类型 [ 约束条件 ],
……
[unique][fulltext] index|key [ 别名 ]( 字段名 [ 长度 ] [asc|desc])
);
```

参数说明：

➢ 如果不加可选项参数 unique 或 fulltext，则默认表示创建普通索引。

➢ unique：表示创建唯一索引，在索引字段中不能有相同的值存在。

➢ fulltext：表示创建全文索引。

➢ [别名](字段名 [长度]) ：指需要创建索引的字段。

➢ asc|desc：表示创建索引时的排序方式。其中 asc 表示升序排列，desc 表示降序排列。默认为升序排列。

①创建表时建立普通索引

在学生成绩管理数据库 mystudent 中，创建表 tb_student（该表的结构与 student 表一致），同时在表的 name 字段上建立普通索引。其 SQL 语句如示例代码 6-1 所示：

```
示例代码 6-1

create table tb_student
(
stuNo char(10) primary key,
name varchar(50) not null,
sex char(2) not null check(sex in(' 男 ',' 女 ')) ,
birthday date,
spec varchar(30),
phone varchar(11),
address varchar(255) default ' 地址不详 ',
index name(name)
);
```

执行上述命令后，使用"show create table tb_student\G"语句查看表的结构，效果如图 6.1 所示。

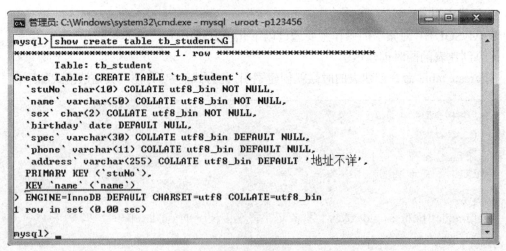

图 6.1　查看 tb_student 表结构

从图 6.1 可以看出，在创建 tb_student 表的同时，已经成功为 name 字段创建了普通索引，索引名为"name"。

在普通索引建立完成后，可以使用 explain 语句查看索引是否被使用。其 SQL 语句如示例代码 6-2 所示：

示例代码 6-2
explain select * from tb_student where name=' 孙婷婷 '\G

执行上述命令后，效果如图 6.2 所示。

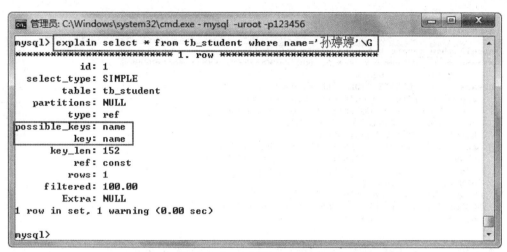

图 6.2 使用 explain 查看 select 语句执行结果

从图 6.2 可以看出，"possible_keys" 和 "key" 的值都为 name，说明 name 索引已经存在并且已经被使用了。

注意：在 SQL 语句后面加 "\G" 参数，表示按行垂直显示结果。"\G" 参数与 ";" 不可同时存在，否则命令会提示错误。

②创建表时建立唯一索引

在学生成绩管理数据库 mystudent 中，创建表 tb_student（该表的结构与 student 表一致），同时在表的 name 字段上建立唯一索引，并且按姓名降序排序。其 SQL 语句如示例代码 6-3 所示：

示例代码 6-3
drop table tb_student;   create table tb_student   (stuNo char(10) primary key,   name varchar(50) not null,   sex char(2) not null check(sex in(' 男 ',' 女 ')) ,   birthday date,   spec varchar(30),   phone varchar(11),

```
address varchar(255) default '地址不详',
unique index uq_name(name desc)
);
```

执行上述命令后，使用"show create table tb_student\G"语句查看表的结构，效果如图 6.3 所示。

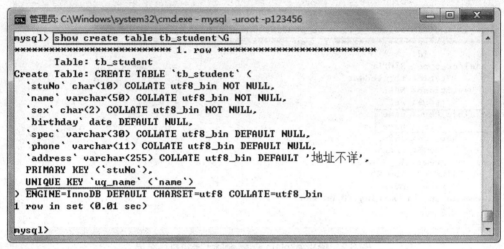

图 6.3　查看 tb_student 表结构

从图 6.3 可以看出，在创建 tb_student 表的同时，已经成功为 name 字段创建了唯一索引，索引名为"uq_name"。

3. 删除索引

在 MySQL 中，如果某些索引降低了数据库的性能，或者根本没有必要继续使用该索引，可以将索引删除。其语法格式如下：

```
drop index 索引名 on 表名;
```

在学生成绩管理数据库 mystudent 中，将表 tb_student 中名为"uq_name"的索引删除。其 SQL 语句如示例代码 6-4 所示：

示例代码 6-4

```
drop index uq_name on tb_student;
```

执行上述命令后，即可成功删除名为"uq_name"的索引，效果如图 6.4 所示。

```
管理员: C:\Windows\system32\cmd.exe - mysql  -uroot -p123456
mysql> drop index uq_name on tb_student;
Query OK, 0 rows affected (0.05 sec)
Records: 0  Duplicates: 0  Warnings: 0

mysql>
```

图 6.4　删除 tb_student 表中的索引 uq_name

4. 为已存在的表添加索引

在 MySQL 中,也可以为已经存在的表添加索引,可以有两种方式来完成。

(1)使用 create index 语句创建索引

使用 create index 语句创建索引。其语法格式如下:

```
create [unique][fulltext] index 索引名
on 表名 ( 字段名 [ 长度 ] [asc|desc]);
```

参数说明:这里的参数与 create table 语句中的参数含义相同。

在学生成绩管理数据库 mystudent 中,在表 tb_student 的 name 字段上创建名为 stu_name 的全文索引。其 SQL 语句如示例代码 6-5 所示:

示例代码 6-5
create fulltext index stu_name on tb_student(name);

执行上述命令后,使用"show create table tb_student\G"语句查看表的结构,效果如图 6.5 所示。

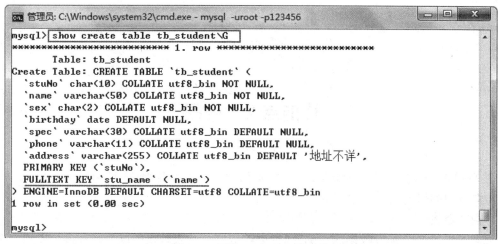

图 6.5　查看 tb_student 表结构

(2)使用 alter table 语句创建索引

使用 alter table 语句创建索引。其语法格式如下:

```
alter table 表名
add [unique][fulltext] index 索引名 ( 字段名 [ 长度 ] [asc|desc]);
```

参数说明:这里的参数与 create table 语句中的参数含义相同。

在学生成绩管理数据库 mystudent 中,在表 tb_student 的 stuNo 和 name 字段上创建名为 stu_stuNo_name 的多列索引。其 SQL 语句如示例代码 6-6 所示:

示例代码 6-6

alter table tb_student add index stu_stuNo_name (stuNo,name);

执行上述命令后,使用"show create table tb_student\G"语句查看表的结构,效果如图 6.6
所示。

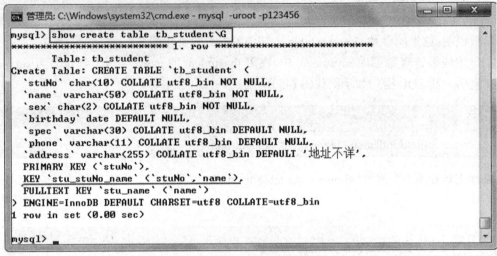

图 6.6　查看 tb_student 表结构

技能点 2　视图

在 MySQL 中,视图是一种数据库对象,是从一个或多个基表(或视图)中导出的虚表,即
视图所对应的数据不进行实际存储。

1. 视图概述

视图可以是一个基表数据的一部分,也可以是多个基表数据的联合。视图可以由一个或
多个其他视图产生。视图保存数据库中的查询,也就是说视图只是给查询起了一个名字,把它
作为对象保存在数据库中。对查询的大多数操作也可以在视图上进行。

(1)视图的功能

视图通常用来进行以下三种操作:

➢ 筛选表中的记录。

➢ 防止未经许可的用户访问敏感数据。

➢ 将多个物理数据表抽象为一个逻辑数据表。

(2)视图的优点

视图一经定义后,就可以像表一样被查询、修改、删除和更新。

➢ 为用户集中数据,简化用户的数据查询和处理。

➢ 屏蔽数据库的复杂性。

➢ 简化用户权限的管理。

➢ 便于数据共享。

➢ 可以重新组织数据，以便输出到其他应用程序中。

2. 创建视图

在 MySQL 中，使用 create view 语句创建视图。其语法格式如下：

```
create [or replace] view 视图名 [( 字段名列表 )]
as select 语句
[with [cascaded|local] check option];
```

参数说明：

➢ or replace：当具有同名视图时，将使用新创建的视图覆盖原视图。

➢ 字段名列表：指定视图查询结果的字段名，如果省略该选项，视图查询结果的字段名和 select 子句中的字段名一致。

➢ select 语句：是指用来创建视图的 select 语句，可在 select 语句查询多个表或视图。

➢ with check option：指在可更新视图上所进行的修改都要符合 select 语句所指定的限制条件，这样可以确保数据修改后，仍可通过视图看到修改的数据。当视图根据另一个视图定义时，with check option 给出 local 和 cascaded 两个参数，它们决定了检查测试的范围。Local 关键字使 check option 只对定义的视图进行检查，cascaded 则会对所有视图进行检查。如果未给定关键字，则默认值为 cascaded。

另外，使用视图时要注意下列事项。

● 视图属于数据库。默认情况下，将在当前数据库上创建新视图。如果想在指定的数据库中创建视图，则需要将视图名称指定为"数据库名 . 视图名"。

● 视图的命名不能与表名相同，每个视图名应该是唯一的。

● 不能把规则、默认值或触发器与视图相关联。

● 不能在视图上建立任何索引。

● 创建视图时，要求创建者具有针对视图的 create view 权限，以及针对 select 语句选择每一列的权限。

在学生成绩管理数据库 mystudent 中，创建一个基于 student 表的 student_view 的视图，要求查询并输出所有学生的 stuNo（学号）、name（姓名）、sex（性别）、phone（联系电话）字段。其 SQL 语句如示例代码 6-7 所示：

```
示例代码 6-7

create view student_view
as
select stuNo,name,sex,phone from student;
```

执行上述命令后，使用 select 命令查看视图中的数据，效果如图 6.7 所示。

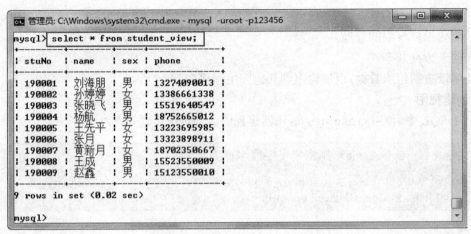

图 6.7　查看 student_view 视图

3. 查看视图

在 MySQL 中,查看视图是指查看数据库中已经存在的视图的定义。查看视图必须有 show view 权限。查看视图有三种方式。

(1)使用 desc 语句查看视图

在 MySQL 中,和操作数据表一样,使用 describe 语句可以查看视图的字段信息,包括字段名、字段类型等,这里的 describe 语句通常简写为 desc。其语法格式如下:

```
desc 视图名;
```

在学生成绩管理数据库 mystudent 中,查看视图 student_view 的基本信息,效果如图 6.8 所示。

```
管理员: C:\Windows\system32\cmd.exe - mysql  -uroot -p123456

mysql> desc student_view;
+-------+-------------+------+-----+---------+-------+
| Field | Type        | Null | Key | Default | Extra |
+-------+-------------+------+-----+---------+-------+
| stuNo | char(10)    | NO   |     | NULL    |       |
| name  | varchar(50) | NO   |     | NULL    |       |
| sex   | char(2)     | NO   |     | NULL    |       |
| phone | varchar(11) | YES  |     | NULL    |       |
+-------+-------------+------+-----+---------+-------+
4 rows in set (0.08 sec)

mysql>
```

图 6.8　查看 student_view 视图基本信息

(2)使用 show table status 语句查看视图

在 MySQL 中,使用 show table status 语句可以查看视图的定义信息。其语法格式如下:

```
show table status like ' 视图名 ';
```

参数说明:

➢ "like":表示后面是匹配字符串。

➢ "视图名"：表示要查看的视图名称，可以是一个具体的视图名，也可以是包含通配符，代表要查看的多个视图。视图名称要用单引号括起来。

在学生成绩管理数据库 mystudent 中，查看视图 student_view 的基本信息，效果如图 6.9 所示。

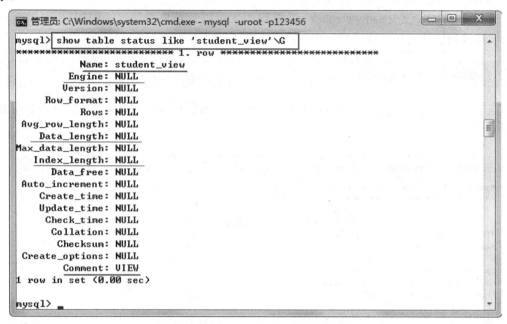

图 6.9　查看 student_view 视图的定义

从图 6.9 可以看出，Comment 项的值为 VIEW，说明所查看的 student_view 是一个视图。Engine（存储引擎）、Data_length（数据长度）、Index_length（索引长度）等项都显示为 NULL，说明视图只是一个虚拟表，并没有实际存储。用 show table status 语句查看视图的基表 student，效果如图 6.10 所示。

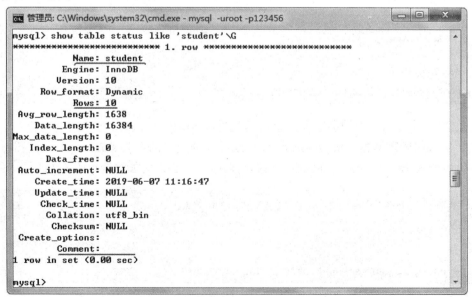

图 6.10　查看 student 表的定义

比较图 6.9 与图 6.10，在表的显示信息中，Engine（存储引擎）、Rows（总行数）、Data_length（数据长度）等项都有具体的值，但是 Comment 项没有信息，说明这是一张表而不是视图，这也是表与视图最直接的区别。

（3）使用 show create view 语句查看视图

在 MySQL 中，使用 show create view 语句不仅可以查看视图的定义语句，还可以查看视图的字符编码以及视图中的记录行数。其语法格式如下：

> show create view 视图名；

在学生成绩管理数据库 mystudent 中，查看视图 student_view 的基本信息，效果如图 6.11 所示。

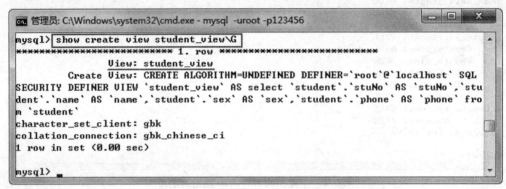

图 6.11 查看 student_view 视图的定义

4. 修改视图

在 MySQL 中，修改视图是指修改数据库中已经存在的视图的定义，而不是修改视图中的数据。修改视图可以使用 alter view 语句。其语法格式如下：

> alter view 视图名 [(字段名列表)]
> as
> select 语句
> [with [cascaded|local] check option];

参数说明：上述语句中的参数含义和创建视图语句中的参数含义一样。

在学生成绩管理数据库 mystudent 中，修改已经创建好的名为 student_view 视图，查询输出所有男生的 stuNo、name、sex、address 字段信息。其 SQL 语句如示例代码 6-8 所示：

> 示例代码 6-8
>
> alter view student_view
> as
> select stuNo,name,sex,address from student where sex=' 男 ';

执行上述命令后，再使用 select 语句查看视图中的数据，效果如图 6.12 所示。

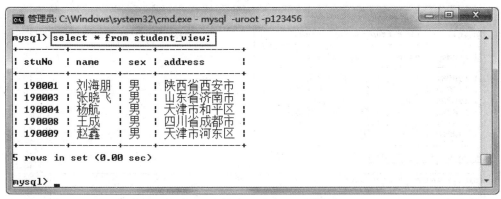

图 6.12 查看 student_view 视图

从图 6.12 可以看出，名为 student_view 的视图内容已经被成功修改。

5. 更新视图

在 MySQL 中，更新视图是指通过视图来插入、删除和修改基表中的数据。因为视图是一个虚表，其中并没有实际数据，修改视图中的数据实际上是在修改基表中的数据。视图的更新操作与表的更新操作命令是一致的，都是使用 INSERT、UPDATE、DELETE 语句实现。

（1）使用 INSERT 语句向视图中插入数据

插入数据的操作是针对视图中字段的插入操作，而不是针对基表中所有字段的插入操作。使用视图插入数据要满足一定的限制条件，并且一定要保证操作的用户必须在基表中有插入数据的权限，否则插入操作会失败。

在学生成绩管理数据库 mystudent 中，向视图 student_view 中插入一条记录，stuNo 字段值为"190010"，name 字段值为"李志杰"，sex 字段值为"男"，address 字段值为"天津市和平区"。其 SQL 语句如示例代码 6-9 所示：

示例代码 6-9
insert into student_view values ('190010',' 李志杰 ',' 男 ',' 天津市和平区 ');

执行上述命令后，再使用 select 语句分别查看视图与基表中的数据，效果如图 6.13 所示。

从图 6.13 可以看出，新的数据不但在视图 student_view 中插入，而且也在基表 student 中成功插入。

（2）使用 UPDATE 语句修改视图中数据

使用 UPDATE 语句可以实现通过视图修改基本表数据。在使用 UPDATE 语句进行修改操作时，也会受到和插入操作一样的限制，否则更新操作会失败。

在学生成绩管理数据库 mystudent 中，将视图 student_view 中学号为"190010"，姓名为"李志杰"的学生的名字修改为"李志豪"。其 SQL 语句如示例代码 6-10 所示：

示例代码 6-10
update student_view set name=' 李志豪 ' where stuNo='190010';

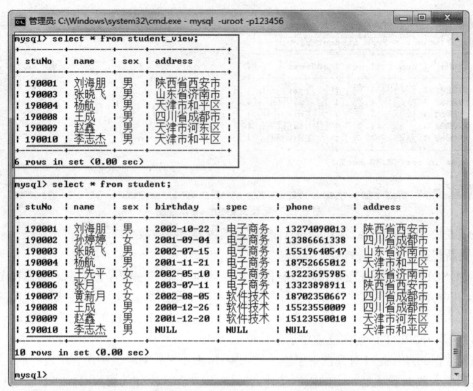

图 6.13   查看 student 表与 student_view 视图的数据

执行上述命令后,再使用 select 语句分别查看视图与基表中的数据,效果如图 6.14 所示。

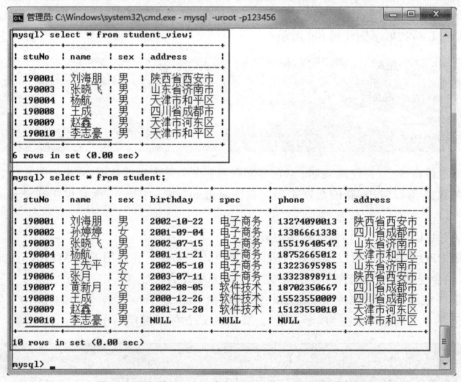

图 6.14   查看 student 表与 student_view 视图的数据

从图 6.14 可以看出,视图 student_view 和基表 student 中数据均成功修改。

(3)使用 DELETE 语句删除视图中数据

如果视图来源于单个基本表,可以使用 DELETE 语句通过视图来删除基本表中的数据。

在学生成绩管理数据库 mystudent 中,将在视图 student_view 中临时插入一条记录,stuNo 字段值为"190011",name 字段值为"张宇",sex 字段值为"男",address 字段值为"山东省济南市"。再使用删除命令删除视图中学号为"190011"的记录。其 SQL 语句如示例代码 6-11 所示:

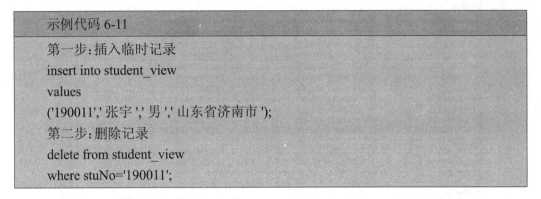

```
示例代码 6-11

第一步:插入临时记录
insert into student_view
values
('190011',' 张宇 ',' 男 ',' 山东省济南市 ');
第二步:删除记录
delete from student_view
where stuNo='190011';
```

首先执行上述第一步的操作命令后,使用 select 语句分别查看视图与基表中的数据,效果如图 6.15 所示。

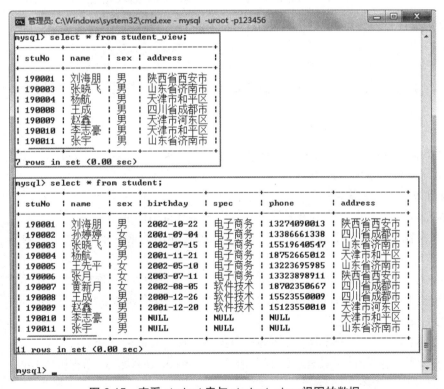

图 6.15　查看 student 表与 student_view 视图的数据

再执行上述第二步的操作命令后,使用 select 语句再次查看视图与基表中的数据,效果如图 6.16 所示。

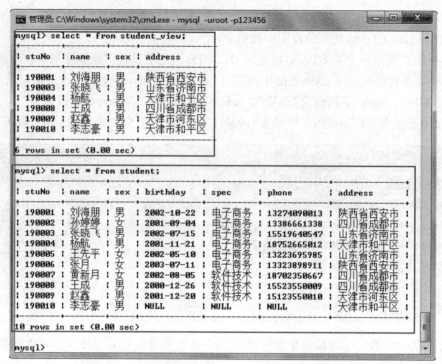

图 6.16　查看 student 表与 student_view 视图的数据

从图 6.16 中可以看出，学号为"190011"的记录已经成功从视图和基表中删除。

技能点 3　使用 Navicat 工具操作索引与视图

在 MySQL 中，除了可以利用命令提示符窗口建立索引与视图外，还可以使用图形管理工具 Navicat 来实现对索引与视图的操作。

1. 使用 Navicat 新建索引

使用 Navicat 工具可以非常方便地在数据表中实现索引的创建。

（1）在左侧"连接树"工具栏中右击 student 表，在弹出的菜单中选择"设计表"，效果如图 6.17 所示。

（2）在工作区中选择"索引"选项卡，分别输入或选择相应的"索引名"、"栏位"、"索引类型"，再点击"保存"按钮，即可在 student 表中新建索引。效果如图 6.18 所示。

2. 使用 Navicat 新建视图

使用 Navicat 工具也可以非常方便地在数据表中实现视图的创建。

（1）在左侧"连接树"工具栏中选择并展开 mystudent 数据库，在工作区主界面上点击"新建视图"按钮，效果如图 6.19 所示。

（2）在"视图创建工具"选项卡中将需要创建视图的表拖动至工作区中，在表的结构窗口中选择要创建的视图的字段等信息。效果如图 6.20 所示。

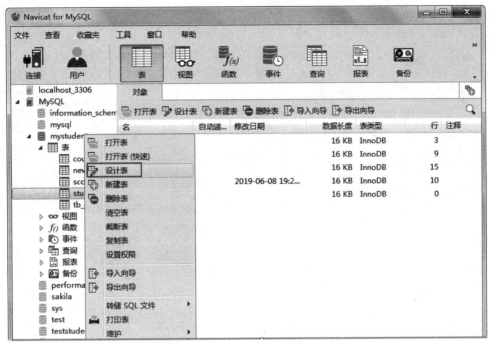

图 6.17　选择设计表菜单

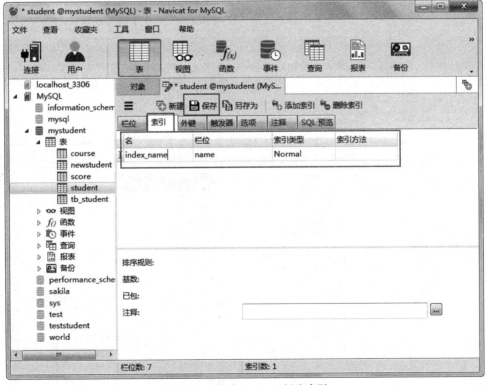

图 6.18　通过 Navicat 创建索引

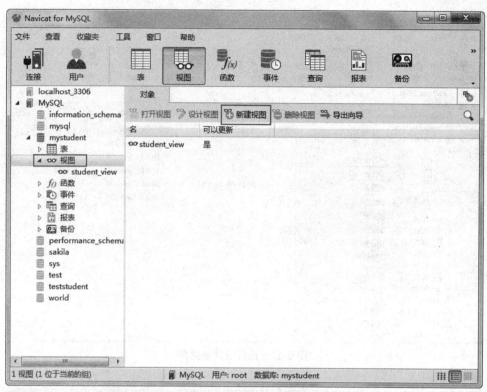

图 6.19   通过 Navicat 创建视图

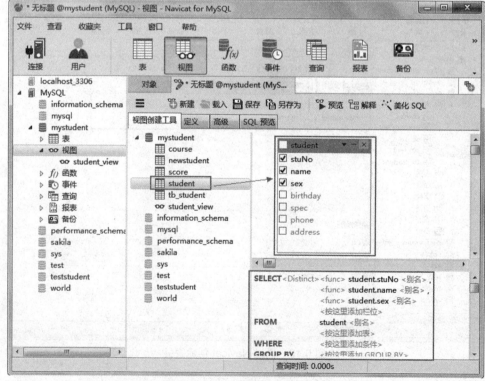

图 6.20   在 Navicat 工具中创建视图

（3）在"SQL 预览"选项卡中可以看到视图对应的 SQL 语句代码，点击"保存"按钮，即可保存新创建的视图。效果如图 6.21 所示。

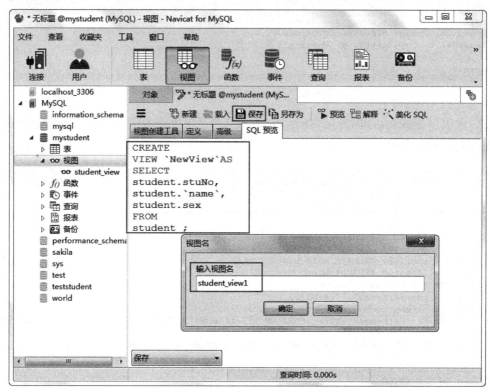

图 6.21 在 Navicat 工具中保存视图

项目任务：在某高校的学生成绩管理系统中，为了提高成绩查询效率，让系统运行更加流畅，需要由数据库管理员完成索引与视图的创建。任务内容主要包括在 score 表的 stuNo 字段和 couNo 字段上添加一个多列索引，索引名为 idx_stuNo_couNo；创建一个基于 student 表、course 表、score 表的视图，视图名为 nopass_view，要求输出学号、姓名、课程名和成绩。

在整个任务实施过程中，表的数据分别如表 4.1 至表 4.3 所示。整个任务将通过以下两个步骤的操作实现对 MySQL 数据库的数据查询。

第一步：创建多列索引 idx_stuNo_couNo

（1）根据分析，执行 SQL 语句如示例代码 6-12 所示：

示例代码 6-12

```
alter table score add index idx_stuNo_couNo (stuNo,couNo);
```

（2）执行上述命令，效果如图 6.22 所示。

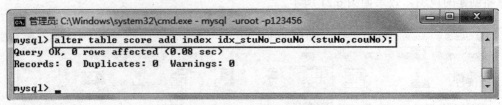

图 6.22   为 score 表添加多列索引

（3）索引创建成功后，可使用"show create table"语句来查看表的结构以及索引的定义信息，效果如图 6.23 所示。

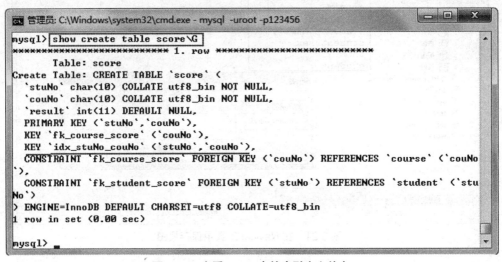

图 6.23   查看 score 表的索引定义信息

第二步：创建视图 nopass_view

（1）根据分析，执行 SQL 语句如示例代码 6-13 所示：

示例代码 6-13
create view nopass_view as select stu.stuNo,stu.name,c.couName,sc.result from student stu,course c,score sc where stu.stuNo=sc.stuNo and c.couNo=sc.couNo and result<60;

（2）执行上述命令，效果如图 6.24 所示。

（3）视图创建成功后，使用 select 命令可查看视图中的数据，效果如图 6.25 所示。

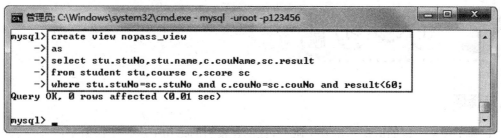

图 6.24　创建视图 nopass_view

图 6.25　查看视图 nopass_view 的数据

通过对本项目的学习，了解了索引与视图的概念，掌握了索引与视图的创建方法，并能使用索引与视图有效地提高查询效率。另外，还学习了利用图形化管理工具 Navicat 创建索引与视图的方法。

unique	唯一的	index	索引
fulltext	全文索引	view	视图
check	检查	option	选项
replace	替换	explain	解释

一、选择题

1. 为了使索引键的值在基本表中唯一,在创建索引的语句中应使用保留字(　　　)。

(A)UNIQUE　　　　　(B)COUNT　　　　　(C)UNION　　　　　(D)DISTINCT

2. 下列几种情况下,不适合创建索引的是(　　　)。

(A)列的取值范围很少　　　　　　　　　(B)用作查询条件的列

(C)频繁搜索范围的列　　　　　　　　　(D)连接中频繁使用的列

3. 执行"create fulltext index stu_name on tb_student(name); "语句,表示创建一个(　　　)索引。

(A)唯一性索引　　　　(B)全文索引　　　　(C)普通索引　　　　(D)多列索引

4. 在 MySQL 中,删除一个视图的命令是(　　　)。

(A)DELETE　　　　　(B)DROP　　　　　(C)CLEAR　　　　　(D)REMOVE

5. 下列选项中,关于视图的叙述正确的是(　　　)。

(A)视图是一张虚表,所有的视图中不含有数据

(B)不允许用户使用视图修改表中的数据

(C)视图只能访问所属数据库的表,不能访问其他数据库的表

(D)视图既可以通过表得到,也可以通过其他视图得到

二、填空题

1. 在创建索引时,如果创建索引的字段是多个,则称为这类索引为＿＿＿＿＿＿＿＿索引。

2. 如果要删除一个名为 stu_no 的索引,应使用命令＿＿＿＿＿＿＿＿＿＿＿＿＿。

3. 成功创建名为"nopass_view"的视图后,如要查看该视图的字段信息,包括字段名、字段类型等信息,可以使用＿＿＿＿＿＿＿＿＿命令。

4. 如果在视图中删除或修改一条记录,则相应的＿＿＿＿＿＿＿＿也会随着视图更新。

5. 可以通过＿＿＿＿＿＿＿来向视图中插入数据,通过＿＿＿＿＿＿＿来修改视图中的数据,通过＿＿＿＿＿＿＿来删除视图中的数据。

三、上机题

项目:网上书城数据库中包含 3 个数据库表,其表的数据记录如表 4.4 至表 4.6 所示。请按要求完成以下任务。

要求:

1. 在图书表的 ISBN 号列上定义唯一索引。

2. 在图书表的图书名称列上定义普通索引。

3. 在订购表的图书编号和订购日期列上创建多列索引。

4. 删除在图书表的图书名称列上定义的普通索引。

5. 定义基于图书表的视图,包含图书编号、图书名称、单价、库存。

6. 查询图书表视图,输出图书的名称和单价,并把查询结果按价格降序排列。

7. 查询图书表视图,输出价格排在前 3 位的图书名称和价格。

8. 对图书表视图进行更新,将库存小于 300 的图书库存增加 100。

9. 创建订单表的视图,包含订单号、会员编号、图书编号、订购数量、订购时间。

10. 查询订单表视图,输出订购数量最大的订单信息。

项目七 存储过程与触发器

本项目主要介绍 MySQL 程序设计的基础知识，以及存储过程与存储函数的使用方法。通过本项目的学习，能根据学生成绩管理系统的需求，完成相应存储过程与触发器的创建。在任务实现过程中：

- 了解 MySQL 程序设计基础
- 学习存储过程与触发器的创建方法
- 掌握存储函数的基本使用
- 具有使用 Navicat 工具操作存储过程与触发器的能力

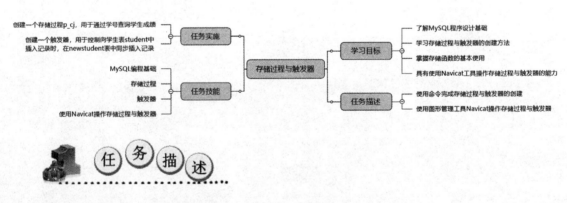

【情境导入】

在某高校现有学生成绩管理系统中，为了提高操作效率，有时需要把多条命令组合在一起形成程序一次性执行，这时就可以利用数据库的编程实现这种复杂的查询。本项目将通过创建存储过程与触发器实现更高效率查询。

【功能描述】

- 使用命令操作完成存储过程与触发器的创建
- 使用图形管理工具 Navicat 操作存储过程与触发器

【基本框架】

通过本项目的学习,掌握在数据库中创建存储过程与触发器的方法。并能使用图形管理工具 Navicat 灵活操作存储过程与触发器。本项目操作时使用的数据表信息如表 4.1 至表 4.3 所示。

技能点 1　MySQL 编程基础

在数据库操作中,一般情况下,命令的执行是每次执行一条语句。但在实际应用中,有时需要把多条命令组合在一起执行,这就需要使用 MySQL 的数据库编程。

1. 常量与变量

（1）常量

常量是指在程序的整个运行过程中其值不会发生变化的量。在 MySQL 中,常量主要分为四种类别。

➢ 数值常量:用于表示数值的常量,可以是整数或浮点数,如 123、3.4、-215 等。

➢ 字符串常量:字符串是指用单引号或双引号括起来的字符序列,如"mysql""天津市"等。

➢ 日期时间常量:日期时间常量是用单引号将表示日期时间的字符串括起来构成的。主要用于表示日期时间型数据的值,如 '2019-06-18'、'2019-06-18 10:22:13' 等。

➢ 布尔型常量:也称为逻辑型常量,包含 TRUE 和 FALSE 两个可能的值。

（2）变量

变量是指在程序的整个运行过程中,其值随时可能会发生变化的量。在 MySQL 中,变量主要分为两种类型。

①系统变量

系统变量是 MySQL 的一些特定的设置,系统变量在 MySQL 服务器启动时就被自动引入并初始化为默认值。如使用"select @@version;"命令可以获得当前 MySQL 的版本,这里的 version 就是一个系统变量。系统变量在引用前需要在变量名前加两个"@"符号。

②用户自定义变量

用户自定义的变量名字以一个"@"符号开头,如 @stu_No。为了在不同的 SQL 语句中传递值,可以使用用户自定义变量实现。用户自定义变量与连接有关,也就是说,一个客户端定义的变量不能被其他客户端看到或使用。当客户端退出时,该客户端连接的所有用户变量将自动释放。

用户自定义变量的定义,其语法格式如下:

```
set @ 变量名 1= 值 1, 变量名 2= 值 2……;
```

参数说明:

➢ @ 符号: 该符号放在变量名的前面, 用于表示用户自定义变量。

➢ 变量名 = 值: 变量名表示变量的名字, 值表示变量的初始值。如果要同时定义多个变量, 可以用逗号隔开。

在 MySQL 中, 定义三个用户自定义变量 a、b、c, 分别用来表示值"Hello"、"MySQL"、5.7。其 SQL 语句如示例代码 7-1 所示:

示例代码 7-1

```
set @a='Hello',@b='MySQL',@c=5.7;
```

执行上述命令后, 再使用"select @a,@b,@c;"语句查看结果, 效果如图 7.1 所示。

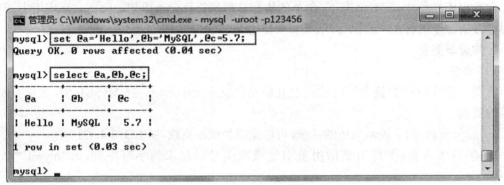

图 7.1　查看用户自定义变量的值

2. 流程控制语句

流程控制语句是用来控制程序执行流程的语句。使用流程控制语句可以提高编程语言的处理能力。在 MySQL 中, 常见的流程控制语句主要包含两大类: 分支语句、循环语句。

（1）分支语句

① if 语句

if 语句用于使程序根据不同的条件选择执行不同的操作, 其语法格式如下:

```
if 条件 1 then 语句 1
[else if 条件 2 then 语句 2]
……
[else 语句 n]
end if
```

参数说明:

➢ 条件: 用于判断的条件, 条件为真, 就执行相应的 SQL 语句。

➢ else if: 表示有多种条件的选择, 哪个条件为真就执行相应的语句。

在 MySQL 中，定义两个变量 x=3、y=2，判断其两个数的大小。其 SQL 语句如示例代码 7-2 所示：

示例代码 7-2

```
set @x=3,@y=2;
if @x>@y then select @x;
else select @y;
end if;
```

② case 语句

case 也是一个判断语句，用于多分支判断的程序结构。其语法格式如下：

```
case 表达式
when 值 1 then 语句 1
when 值 2 then 语句 2
……
[else 语句 n]
end case;
```

参数说明：

执行流程：计算出表达式的值，将表达式值依次与 when 参数后的值进行比较，看与哪个值相等，则执行相对应的 then 参数后的语句。如果表达式与值都不相等，则执行 else 后的语句 n。

在 MySQL 中，定义一个变量 str，判断其运动方向。其 SQL 语句如示例代码 7-3 所示：

示例代码 7-3

```
case str
when 'F' then set direction=' 前进 ';
when 'B' then set direction=' 后退 ';
else set direction=' 不动 ';
end case;
```

（2）循环语句

在 MySQL 中，支持 3 条用来创建循环的语句，分别是 while、repeat 和 loop 语句。

① while 循环

其语法格式如下：

```
while 条件 do
程序段
end while
```

参数说明：

while 语句用于执行一个程序段，条件为真，执行程序段，条件为假退出循环。

在 MySQL 中，使用 while 语句实现求 1 至 10 所有整数和。其 SQL 语句如示例代码 7-4 所示：

示例代码 7-4

```
set @i=0,@sum=0;
while @i<10 do
set @i=@i+1;
set @sum=@sum+@i;
end while;
```

② repeat 循环

其语法格式如下：

```
repeat
语句块
until 条件
end repeat;
```

参数说明：

执行的流程是先执行一次循环语句块再进行条件表达式判断，至少会执行一次的循环语句。

在 MySQL 中，使用 repeat 语句实现求 1 至 10 所有整数和。其 SQL 语句如示例代码 7-5 所示：

示例代码 7-5

```
repeat
set @i=@i+1;
set @sum=@sum+i;
until @i<10
end repeat;
```

③ loop 循环

其语法格式如下：

```
[ 语句标号 :]loop
程序段
end loop[ 语句标号 ];
```

参数说明：

[语句标号]是 loop 语句的标记名称，可以省略。loop 循环一般要配合 leave 语句使用。

在 MySQL 中，使用 loop 语句实现求 1 至 10 所有整数和。其 SQL 语句如示例代码 7-6 所示：

```
示例代码 7-6

set @i=0,@s=0;
sum:loop
set @i=@i+1;
set @s=@s+@i;
if @i=10 then leave @s;
end if
end loop sum;
```

④ leave 与 iterate 语句

leave 语句：语法是"leave 标记名称"，用于退出指定标记的循环。

iterate 语句：语法是"iterate 标记名称"，用于提前结束本次循环，根据循环条件判断是否再进行下一次循环。

注意：在 MySQL 中，分支语句与循环都不能单独在命令窗口中执行，必须结合存储过程或者存储函数来编程执行。

技能点 2 存储过程

在 MySQL 中，数据库开发人员可以根据实际需要，将数据库操作过程中频繁使用的一些 SQL 代码封装在一个存储过程中，需要执行这些 SQL 代码时则调用其存储过程，从而提高程序代码的复用性，提升数据库整体性能。

1. 存储过程概述

（1）什么是存储过程

MySQL 的存储过程（Stored Procedure）就是为了完成某一特定功能，把一组预先编译好的 SQL 语句的集合作为一个整体存储在数据库中。用户需要的时候，可以通过调用存储过程来实现其功能。

（2）使用存储过程的优点

①存储过程在服务器端运行，执行速度快，提高了系统性能。

②使用存储过程提高了程序设计的灵活性。一旦被创建，存储过程将被作为一个整体，可以被其他程序多次反复调用。

③确保数据库使用安全。使用存储过程可以完成数据库的所有操作，数据库管理员可以充分控制数据的访问权限，从而避免非授权用户的非法访问。

2. 创建存储过程

在 MySQL 中,创建存储过程可以使用 create procedure 语句。其语法格式如下:

```
create procedure 存储过程名 ( 参数 [,…])
存储过程体
```

参数说明:

➢ 存储过程名:存储过程的名称。默认在当前数据库中创建。需要注意的是,这个名称要避免和 MySQL 内置函数的名称相同,否则会发生错误。

➢ (参数 [,…]):存储过程的参数列表。当有多个参数时,需要用逗号隔开。MySQL 存储过程支持三种类型的参数,包括输入参数、输出参数和输入 / 输出参数,关键字分别是 in、out 和 inout。

➢ 存储过程体:这是存储过程的主体部分,表示存储过程的程序体,包含了存储过程调用时必须执行的 SQL 语句。该部分总是以 begin 开始,以 end 结束。如果存储过程的语句体仅有一条语句时,可以省略 begin 和 end 标志。

(1)创建和执行不带输入参数的存储过程

①创建不带输入参数的存储过程

创建不带输入参数的存储过程,其语法格式如下:

```
create procedure 存储过程名 ()
begin
    sql 语句 ;
end;
```

在学生成绩管理数据库 mystudent 中,创建一个名为 p_name 的存储过程。该存储过程用于输出 student 表中所有"电子商务"专业的学生记录。其 SQL 语句如示例代码 7-7 所示:

```
示例代码 7-7
delimiter //
create procedure p_name()
begin
    select * from student where spec= ' 电子商务 ';
end;//
delimiter ;
```

注意:在 MySQL 中,默认情况下,语句的结束符是";"。在客户端命令行中,如果有一行命令以分号结束,那么回车后,MySQL 将会执行该命令。由于存储过程会包含多条语句,并且每条语句都会以";"结束,所以必须先改变结束符,使存储过程的多条语句形成一个整体。MySQL 使用"delimiter 特殊字符"(这里的特殊字符指 //、##、** 等符号)表示将结束符临时更改为指定的字符,如"delimiter //"表示将结束符临时更改为"//",在存储语句输入结束后,再使用"delimiter ;"语句把结束符改回";"。

执行上述操作命令后,界面效果如图 7.2 所示。

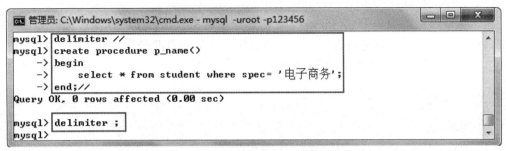

图 7.2　创建存储过程 p_name

②执行不带输入参数的存储过程

执行不带输入参数的存储过程,其语法格式如下:

> call 存储过程名 ;

在学生成绩管理数据库 mystudent 中,执行不带参数的存储过程 p_name,效果如图 7.3 所示。

(2)创建和执行带输入参数的存储过程

①创建带输入参数的存储过程

创建带输入参数的存储过程,其语法格式如下:

> create procedure 存储过程名 (in 输入参数 [,…])
> begin
> 　 sql 语句 ;
> end;

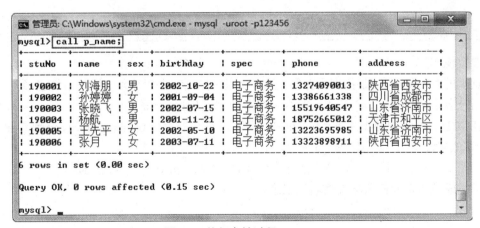

图 7.3　执行存储过程 p_name

参数说明：

in 输入参数：in 是指用于指定输入参数。由调用程序向存储过程传递的参数，在创建存储过程时定义输入参数，在调用存储过程时给出相应的参数值。

在学生成绩管理数据库 mystudent 中，创建一个名为 p_name1 的存储过程。要让用户能够按任意给定的专业名称进行查询，也就是说，每次查询的专业名称是可变的，这时就要用到输入参数了。其 SQL 语句如示例代码 7-8 所示：

```
示例代码 7-8

delimiter //
create procedure p_name1(in n varchar(20))
begin
    select * from student where spec= n;
end;//
delimiter ;
```

执行上述操作命令后，界面效果如图 7.4 所示。

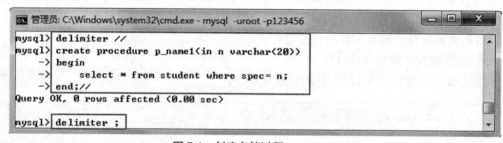

图 7.4　创建存储过程 p_name1

②执行带输入参数的存储过程

执行带输入参数的存储过程，其语法格式如下：

```
call 存储过程名 (@ 参数名 );
```

参数说明：

这里的"@ 参数名"是指调用存储过程的参数的名字，这个参数一般是系统已经定义好的一个用户自定义变量，以 @ 开头。如有多个参数，则以逗号分隔。

在学生成绩管理数据库 mystudent 中，执行带参数的存储过程 p_name1，查询专业为"软件技术"的学生记录，效果如图 7.5 所示。

从图 7.5 中可以看出，ins 为用户自定义的变量并赋初值为"软件技术"。此时，调用存储过程可完成按指定专业名称查询学生记录。

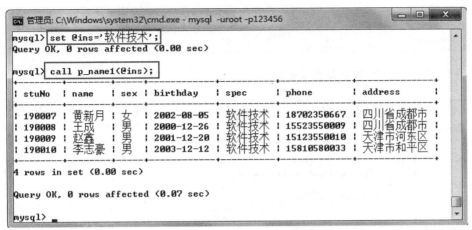

图 7.5　执行存储过程 p_name1

（3）创建和执行带输入输出参数的存储过程

①创建带输入输出参数的存储过程

如果需要从存储过程中返回一个或多个值，可以在创建存储过程的语句中定义输出参数。其语法格式如下：

```
create procedure 存储过程名 (in 输入参数 ,out 输出参数 )
begin
    sql 语句 ;
end;
```

参数说明：

➢ in 输入参数：in 是指用于指定输入参数。

➢ out 输出参数：out 是指用于指定输出参数。

在学生成绩管理数据库 mystudent 中，创建一个名为 p_sex 的存储过程。要让用户能够按给定的性别进行查询，如果用户输入的性别不为男或女，则提示输入错误。其 SQL 语句如示例代码 7-9 所示：

```
示例代码 7-9
delimiter //
create procedure p_sex(in n varchar(20),out message varchar(10))
begin
if n=' 男 ' || n=' 女 ' then
select * from student where sex= n;
  else
    set message=' 性别输入错误 ';
  end if;
```

```
end;//
delimiter ;
```

执行上述操作命令,效果如图 7.6 所示。

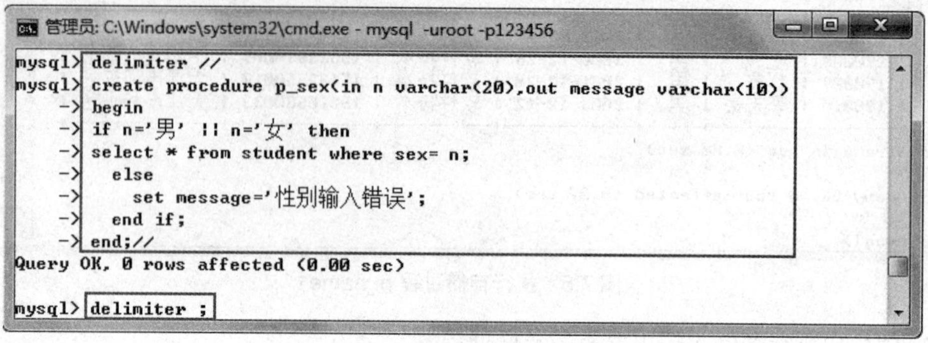

图 7.6　创建存储过程 p_sex

②执行带输入输出参数的存储过程

执行带输入输出参数的存储过程,其语法格式如下:

```
call 存储过程名 (@ 输入参数 ,@ 输出参数 );
```

参数说明:

这里的"@ 输入参数"是指调用存储过程输入参数的名字,"@ 输出参数"是指调用存储过程输出参数的名字。

在学生成绩管理数据库 mystudent 中,执行带输入输出参数的存储过程 p_sex,按给定的性别进行查询,如果用户输入的性别不为男或女,则提示输入错误,效果如图 7.7 所示。

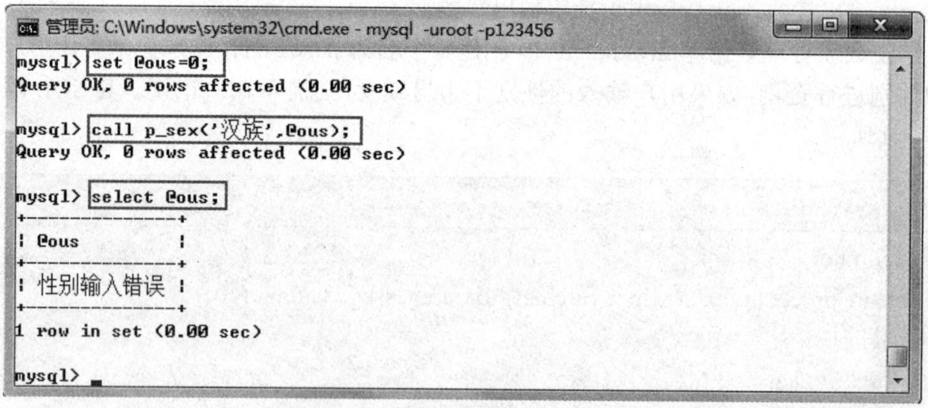

图 7.7　执行存储过程 p_sex

从图 7.7 中可以看出,ous 为用户自定义的变量并赋初值为 0。此时,调用存储过程完成按指定性别查询学生记录,如果输入参数的值为一个错误的值,如"汉族",则 ous 变量的值将会为存储过程的返回值"性别输入错误"。

3. 查看存储过程

在 MySQL 中,存储过程创建好之后,除了可以调用执行,还可以查看其当前服务器上具体有哪些存储过程。

(1)通过 show 语句查看存储过程

查看数据库中定义的存储过程,其语法格式如下 :

> show procedure status where db=' 数据库名 '\G

在 MySQL 中,查看当前服务器上的存储过程,效果如图 7.8 所示。

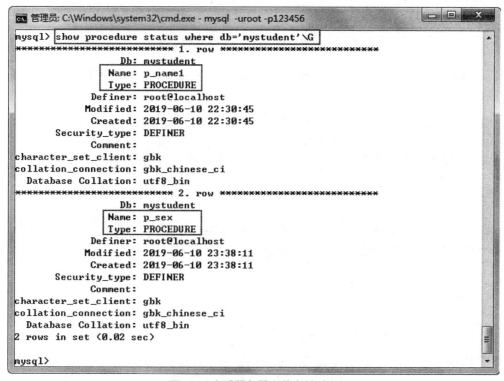

图 7.8　查看服务器上的存储过程

(2)通过 show create procedure 语句查看存储过程

在 MySQL 中,可以查看存储过程的定义信息。其语法格式如下:

> show create procedure 存储过程名 \G

在学生成绩管理数据库 mystudent 中,查看存储过程 p_name 的定义信息,效果如图 7.9 所示。

4. 删除存储过程

在 MySQL 中,删除存储过程使用 drop procedure 语句完成。其语法格式如下:

> drop procedure 存储过程名 ;

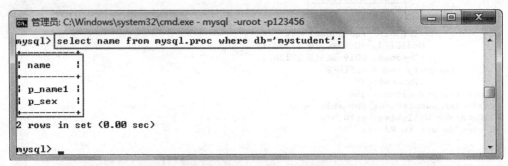

图 7.9　查看存储过程 p_name 的定义信息

在学生成绩管理数据库 mystudent 中,删除存储过程 p_name。其 SQL 语句如示例代码 7-10 所示:

示例代码 7-10
drop procedure p_name;

执行上述命令后,再使用 select 语句查看服务器上的存储过程,效果如图 7.10 所示。

```
管理员: C:\Windows\system32\cmd.exe - mysql  -uroot -p123456
mysql> select name from mysql.proc where db='mystudent';
+--------+
! name   !
+--------+
! p_name1 !
! p_sex  !
+--------+
2 rows in set (0.00 sec)

mysql> _
```

图 7.10　查看服务器上的存储过程

从图 7.10 中可以看出,存储过程 p_name 已经成功删除。

5. 存储函数

在 MySQL 中,存储过程和存储函数在结构上很相似,都是由 SQL 语句组成的代码段,都可以被别的应用程序或 SQL 语句调用。

存储函数与存储过程是有区别的,主要区别如下。

➢ 存储函数由于本身就需要返回处理结果,所以不需要输出参数,而存储过程则需要用输出参数返回处理结果。

➢ 存储函数不需要使用 call 语句调用,而存储过程需要使用 call 语句调用。

➢ 存储函数必须使用 return 语句返回结果,存储过程不需要 return 语句返回结果。

（1）创建存储函数

在 MySQL 中,创建存储函数的语法结构如下:

> create function 存储函数名 (参数 [,…])
> returns type
> 函数体

参数说明：

➢ 存储函数名：是指创建的存储函数的名称。

➢ 参数 [,…]：是指存储函数的参数，多个参数之间用逗号隔开。

➢ returns type：声明存储函数的返回值类型，这里的 type 指具体的数据类型。

➢ 函数体：是指存储函数的具体 SQL 代码。和存储过程一样，函数体部分需要使用 begin 和 end 语句包含起来。

在学生成绩管理数据库 mystudent 中，创建存储函数 f_name，用于通过输入学号查询学生的姓名。其 SQL 语句如示例代码 7-11 所示：

示例代码 7-11

```
delimiter //
create function f_name(id char(6))
returns char(6)
begin
  return (select name from student where stuNo=id);
end//
delimiter ;
```

成功执行上述命令后，界面效果如图 7.11 所示。

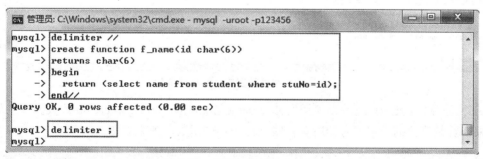

图 7.11　创建存储函数 f_name

（2）执行存储函数

执行存储函数与执行存储过程的方法类似，其语法格式如下：

> select 存储函数名 ([参数]);

参数说明：

这里的参数是可选项，如果该存储函数定义了参数，则在调用时就必须对应地传入相应的参数。

在学生成绩管理数据库 mystudent 中，调用存储函数 f_name，效果如图 7.12 所示。

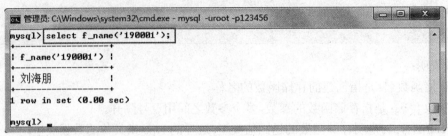

图 7.12　调用存储函数 f_name

（3）查看存储函数

在 MySQL 中，查看存储函数的方法与查看存储过程的类似，都可以通过 show 语句查看，其语法格式如下：

> show function status where db='数据库名';

在 MySQL 中，查看当前服务器上的存储函数，效果如图 7.13 所示。

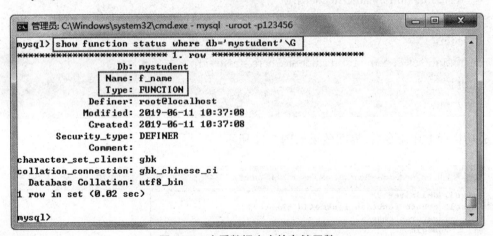

图 7.13　查看数据库中的存储函数

另外，在 MySQL 中，还可以使用"select name from mysql.proc where db='数据库名';"的形式来查看某个数据库中拥有的所有存储过程和存储函数。效果如图 7.14 所示。

```
管理员: C:\Windows\system32\cmd.exe - mysql  -uroot -p123456
mysql> select name from mysql.proc where db='mystudent';
+--------+
| name   |
+--------+
| f_name |
| p_name1 |
| p_sex  |
+--------+
3 rows in set (0.00 sec)

mysql>
```

图 7.14　查看数据库中的存储过程与存储函数

（4）删除存储函数

在 MySQL 中，删除存储函数的方法与删除存储过程的方法类似，都可以通过 drop 语句删除，其语法格式如下：

> drop function 存储过程名;

在 MySQL 中，在服务器上删除存储函数 f_name，效果如图 7.15 所示。

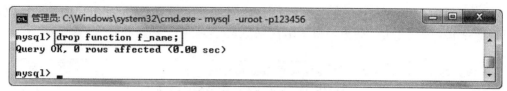

图 7.15 删除存储函数

（5）MySQL 的系统函数

为了更好地为用户服务，MySQL 提供了丰富的系统函数，这些函数都是无需定义就可直接使用的，主要包括数学函数、聚合函数、字符串函数、日期时间函数等。其中，聚合函数在查询功能中经常使用。常用的系统函数如表 7.1 至表 7.3 所示。

表 7.1 常用数学函数

函数名	功能
abs(x)	返回 x 的绝对值。
mod(x,y)	返回 x 除以 y 的余数。
pi()	返回圆周率的值。
rand()	返回 0 到 1 内的随机数。
sqrt(x)	返回 x 的平方根。

表 7.2 常用字符串函数

函数名	功能
ascii(s)	返回字符的 ASCII 值。
concat(s1,s2,s3)	返回字符串 s1,s2,s3 连接成一个新字符串。
lower(s)	返回字符串中所有字符转换成小写字母的结果。
upper(s)	返回字符串中所有字符转换成大写字母的结果。
length(s)	返回字符串的长度。

表 7.3 常用日期时间函数

函数名	功能
curdate()	返回当前系统的日期。
now()	返回系统当前的日期和时间。

函数名	功能
year(date)	返回日期 date 的年份。（1000~9999）
month(date)	返回日期 date 的月份。（1~12）
dayofyear(date)	返回日期 date 是一年中的第几天（1~366）

在 MySQL 的命令窗口中，通过查询分别求一个数的绝对值、返回字符串的长度、返回输入日期是一年中的第几天。效果如图 7.16 所示。

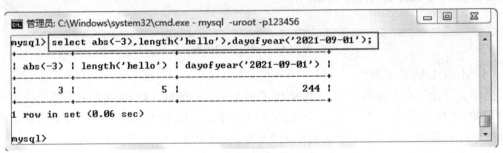

图 7.16   系统函数的应用

技能点 3   触发器

触发器是 MySQL 5.0 新增的功能，触发器是一种与表操作有关的数据库对象。触发器定义了一系列操作，这一系列操作称为触发程序。当某个表设置触发器后，如果出现 insert、update、delete 操作时，将激活触发器。利用触发器可以方便地实现数据库中数据的完整性。

1. 创建触发器

创建触发器使用 create trigger 语句。其语法格式如下：

```
create trigger 触发器名 触发时间 触发事件
on 表名
for each row
  begin
    触发程序
end
```

参数说明：

➢ 触发器名：指创建触发器的名称。

➢ 触发时间：触发时间有两种，before 和 after。before 表示在触发事件发生之前执行触发程序，after 表示在触发事件发生之后执行触发程序。

➢ 触发事件：触发事件主要有三种：insert、update、delete。insert 表示将新记录插入表时激活触发程序，update 表示更改表中记录时触发激活程序，delete 表示删除表中记录时触发激活程序。

➢ on 表名：表示需要创建触发器的表的名称。

➢ for each row：表示行级触发器，即在执行 insert、update、delete 操作影响的每一条记录都会执行一次触发程序。

➢ 触发程序：包含触发器激活时将要执行的 SQL 语句，触发程序中不能包含 select 语句。在触发程序中，用 NEW 来表示新列名，用 OLD 来表示旧列名。对于 INSERT 语句，只有 NEW 是合法的，对于 DELETE 语句，只有 OLD 是合法的，对于 UPDATE 语句，NEW 和 OLD 语句都可以使用。

（1）插入记录激活触发器

在学生成绩管理数据库 mystudent 中，创建一个插入记录的触发器 t_sex，用于检查输入性别时只能为"男"或"女"。其 SQL 语句如示例代码 7-12 所示：

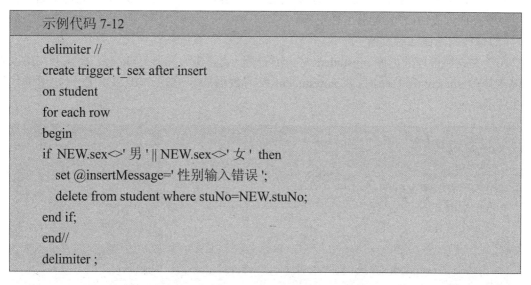

```
示例代码 7-12

delimiter //
create trigger t_sex after insert
on student
for each row
begin
if NEW.sex<>' 男 ' || NEW.sex<>' 女 ' then
  set @insertMessage=' 性别输入错误 ';
  delete from student where stuNo=NEW.stuNo;
end if;
end//
delimiter ;
```

成功执行上述命令后，界面效果如图 7.17 所示。

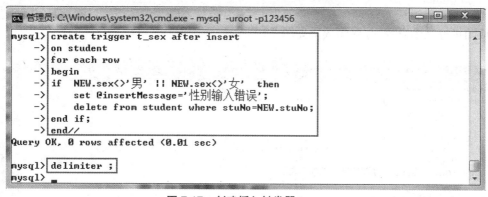

图 7.17　创建插入触发器 t_sex

触发器创建成功后,使用 insert 语句插入一条带有性别错误的记录进行测试,效果如图 7.18 所示。

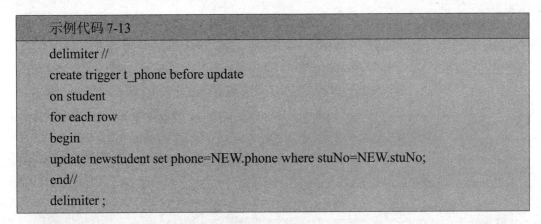

图 7.18　查看执行插入操作时触发器的执行效果

从图 7.18 可以看出,错误信息提示受到触发器的限制,学号为"190012"的记录由于性别错误并没有插入成功,即触发器工作正常。

(2)修改记录激活触发器

在学生成绩管理数据库 mystudent 中,为修改记录创建触发器 t_phone。要求利用触发器实现在修改 student 表的同时,将 newstudent 表的数据同步修改。其 SQL 语句如示例代码 7-13 所示:

```
示例代码 7-13

delimiter //
create trigger t_phone before update
on student
for each row
begin
update newstudent set phone=NEW.phone where stuNo=NEW.stuNo;
end//
delimiter ;
```

成功执行上述命令后,界面效果如图 7.19 所示。

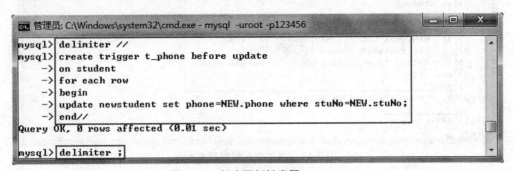

图 7.19　创建更新触发器 t_phone

触发器创建成功后，使用 update 语句将学号为"190009"的学生电话号码修改为"15123550012"进行测试，效果如图 7.20 所示。

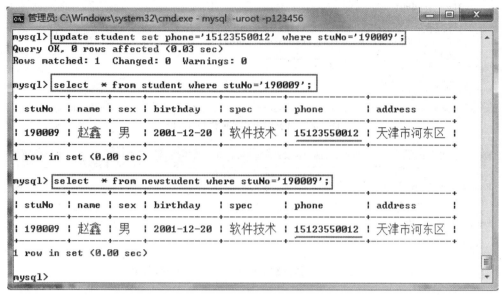

图 7.20　查看执行更新操作时触发器的执行效果

从图 7.20 可以看出，在更新 student 表中学号为"190009"的记录的同时，newstudent 表中学号为"190009"的记录同步更新，即触发器工作正常。

（3）删除记录激活触发器

在学生成绩管理数据库 mystudent 中，为删除记录创建触发器 t_stuNo。要求利用触发器实现在删除 student 表记录的同时，将 score 表的数据同步删除。其 SQL 语句如示例代码 7-14 所示：

```
示例代码 7-14

delimiter //
create trigger t_stuNo before delete
on student
for each row
begin
delete from score where stuNo=OLD.stuNo;
end//
delimiter ;
```

成功执行上述命令后，界面效果如图 7.21 所示。

触发器创建成功后，使用 delete 语句将学号为"190010"的学生信息删除进行测试，通过 select 语句分别查询 student 表与 score 表中信息发现该生信息已经不存在。效果如图 7.22 所示。

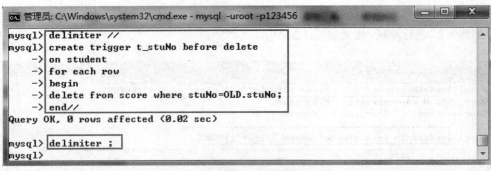

图 7.21　创建删除触发器 t_stuNo

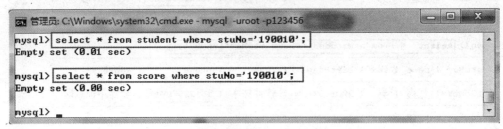

图 7.22　查看执行删除操作时触发器的执行效果

2. 查看触发器

在 MySQL 中，可以通过 show triggers 语句来查看数据库中有哪些触发器。其语法格式如下：

> show triggers 触发器名称；

参数说明：

触发器名称：在查询时由于系统内部的自定义触发器较多，所以通常可以使用模糊查询 like 关键字来辅助查看。

在学生成绩管理数据库 mystudent 中，查看创建的触发器信息，效果如图 7.23 所示。

```
mysql> show triggers \G
*************************** 1. row ***************************
             Trigger: t_sex
               Event: INSERT
               Table: student
           Statement: begin
if  NEW.sex<>'男' || NEW.sex<>'女'  then
    set @insertMessage='性别输入错误';
    delete from student where stuNo=NEW.stuNo;
end if;
end
              Timing: AFTER
             Created: 2019-06-11 18:39:46.65
            sql_mode: STRICT_TRANS_TABLES,NO_AUTO_CREATE_USER,NO_ENGINE_SUBSTITU
TION
             Definer: root@localhost
character_set_client: gbk
collation_connection: gbk_chinese_ci
  Database Collation: utf8_bin
```

图 7.23　查看触发器信息

3. 删除触发器

在 MySQL 中,可以通过 drop 语句来删除数据库中的触发器。其语法格式如下:

> drop trigger 触发器名称;

在 MySQL 中,删除触发器 t_sex,效果如图 7.24 所示。

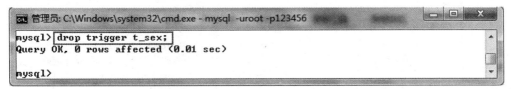

图 7.24　删除触发器

技能点 4　使用 Navicat 工具操作存储过程与触发器

在 MySQL 中,除了可以利用命令提示符窗口建立存储过程与触发器外,还可以使用图形管理工具 Navicat 来实现对存储过程与触发器的操作。

1. 使用 Navicat 创建存储过程

(1)在左侧"连接树"工具栏中右击"函数"选项,在弹出的菜单中选择"新建函数",在"函数向导"对话框中选择"过程"选项。效果如图 7.25 所示。

图 7.25　新建存储过程

（2）分别输入存储过程的参数模式、参数名、类型，点击"完成"按钮，效果如图 7.26 所示。

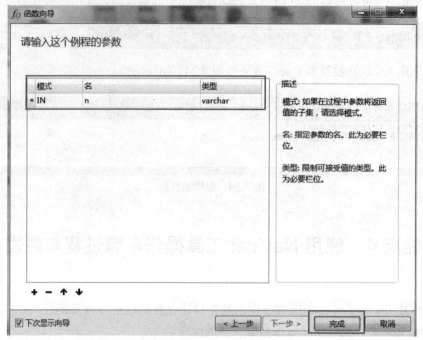

图 7.26　输入存储过程的参数

（3）在工作区中录入存储过程代码，再点击"保存"按钮，即可完成存储过程的创建。效果如图 7.27 所示。

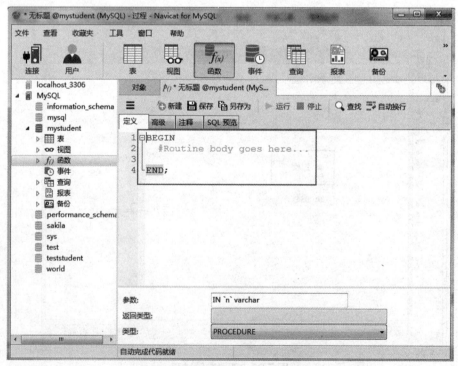

图 7.27　录入存储过程的代码

2. 使用 Navicat 创建触发器

（1）选择 student 表，点击工作区上的"设计表"按钮，打开表设计器，效果如图 7.28 所示。

图 7.28 打开表设计器

（2）选择"触发器"选项，点击添加触发器，并输入相应的触发器名称及类型等参数，再点击"保存"按钮即可完成触发器的创建。效果如图 7.29 所示。

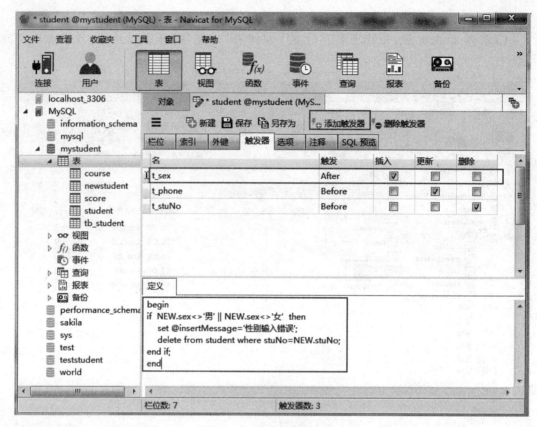

图 7.29　定义触发器参数

　　项目任务:某高校的学生成绩管理系统的成绩查询功能使用非常频繁,为了提升数据库的使用性能,提升查询速度,现需要完成存储过程与触发器的创建。任务内容主要包括创建一个存储过程 p_cj,用于通过学号查询学生成绩;创建一个触发器,用于控制向学生表 student 中插入记录时,在 newstudent 表中同步插入记录。

　　在整个任务实施过程中,将通过以下两个步骤的操作实现对 MySQL 数据库存储过程与触发器的创建。

　　第一步:创建一个存储过程 p_cj,用于通过学号查询学生成绩。

　　(1)根据分析,执行 SQL 语句如示例代码 7-15 所示:

示例代码 7-15

```
delimiter //
create procedure p_cj(in n varchar(20),out message varchar(10))
begin
if length(n) =6 then
select stu.stuNo,stu.name,c.couName,sc.result from student stu,course c,score sc where
sc.stuNo= n and stu.stuNo=sc.stuNo and c.couNo=sc.couNo;
  else
    set message=' 学号输入错误 ';
  end if;
end;//
delimiter ;
```

（2）执行上述命令,效果如图 7.30 所示。

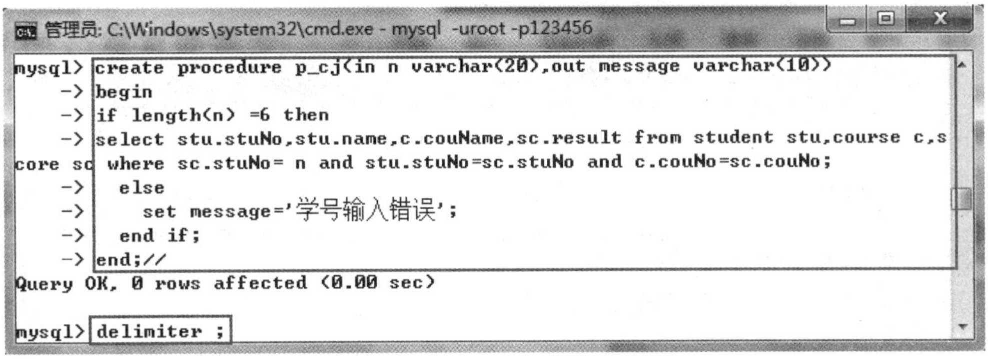

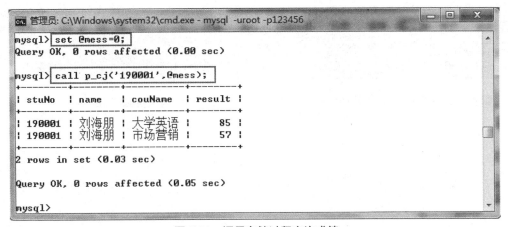

图 7.30　创建存储过程 p_cj

（3）存储过程创建成功后,可使用"call"语句来调用存储过程,调用时输入想要查询的学生的学号,即可完成成绩查询。效果如图 7.31 所示。

图 7.31　调用存储过程查询成绩

第二步：创建一个触发器，用于控制向学生表 student 中插入记录时，在 newstudent 表中同步插入记录。

（1）根据分析，执行 SQL 语句如示例代码 7-16 所示：

示例代码 7-16

```
delimiter //
create trigger t_add after insert
on student
for each row
begin
insert into newstudent values(NEW.stuNo,NEW.name,NEW.sex,NEW.birthday,NEW.
spec,NEW.phone,NEW.address);
end//
delimiter ;
```

（2）执行上述命令，效果如图 7.32 所示。

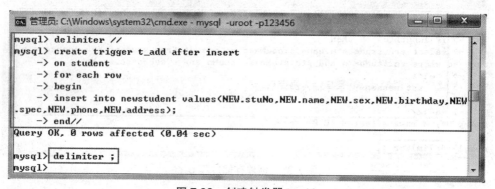

图 7.32　创建触发器 t_add

（3）视图创建成功后，使用 insert 插入记录进行测试。其 SQL 语句如示例代码 7-17 所示：

示例代码 7-17

```
insert into student values
('190010',' 李志豪 ',' 男 ','2003-12-12',' 软件技术 ','15810580033',' 天津市和平区 ');
```

执行上述 SQL 代码，使用 select 语句测试插入记录结果，效果如图 7.33 所示。

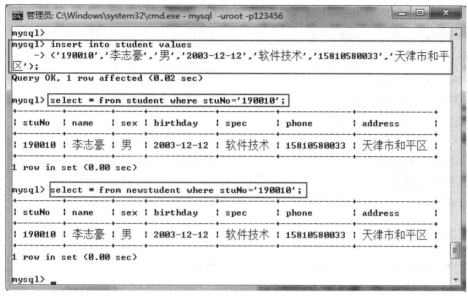

图 7.33 测试触发器是否有效

通过对本项目的学习,了解了数据编程的基础知识,熟悉了存储过程与触发器的创建与使用方法,并了解了 MySQL 中常用的内置函数的用法。另外,还学习了利用图形化管理工具 Navicat 实现创建存储过程与触发器的方法。

procedure	程序	delimiter	分隔符
function	函数	return	返回
trigger	触发器	begin	开始
after	在……之后	before	在……之前

一、选择题

1. create procedure 语句是用来创建(　　　)的。

（A）程序　　　　　（B）存储过程　　　　（C）存储函数　　　（D）触发器

2. 要删除一个名为 p_name 的存储过程，应该使用命令（　　　）procedure p_name。

（A）delete　　　　　　　（B）alter　　　　　　　（C）drop　　　　　　　（D）remove

3. 用（　　　）语句可以创建一个存储函数。

（A）create procedure　　　　　　　　　　　　（B）create trigger

（C）create function　　　　　　　　　　　　　（D）drop function

4. 用（　　　）语句创建一个触发器。

（A）create procedure　　　　　　　　　　　　（B）create trigger

（C）drop procedure　　　　　　　　　　　　　（D）drop trigger

5. 触发器创建在（　　　）上。

（A）表　　　　　　　（B）视图　　　　　　　（C）数据库　　　　　　　（D）查询

二、填空题

1. 在 MySQL 中，定义一个用户自定义变量 x，其值为"MySQL"，使用＿＿＿＿＿＿＿语句。

2. 在 MySQL 中，循环语句有三种，分别是＿＿＿＿＿＿、＿＿＿＿＿＿、＿＿＿＿＿＿。

3. 在 MySQL 中，要修改语句的结束符为"//"，应使用＿＿＿＿＿＿＿语句。

4. 调用存储过程应使用＿＿＿＿＿＿＿语句。

5. 在 MySQL 中，当触发器所在的表上执行＿＿＿＿＿＿、＿＿＿＿＿＿、＿＿＿＿＿＿操作时，将激活触发器。

三、上机题

项目：网上书城数据库中包含 3 个数据库表，其表的数据记录如表 4.4 至表 4.6 所示。请按要求完成以下任务。

1. 创建一个存储过程 p_book1，实现查询所有图书的信息。

2. 创建一个存储过程 p_book2，根据图书编号查询库存量。

3. 创建一个存储过程 p_book3，根据订单号查询订单信息。

4. 创建一个存储过程 p_book4，查询指定出版社的图书信息。

5. 创建一个存储过程 p_book5，根据会员名称查询会员的联系电话。

6. 创建一个插入记录的触发器 t_book1，用于检查插入记录的性别只能为男或女。

7. 创建一个修改记录的触发器 t_book2，用于在图书表中修改图书编号时，同步修改订单表中的图书编号。

8. 创建一个存储函数 f_book1，用于根据订单号查询订单信息。

9. 删除存储过程 p_book1。

10. 删除触发器 t_book1。

项目八 数据安全

本项目主要介绍在 MySQL 中如何提升数据库使用的安全性,并做好相应的防护措施,以保证数据库能够安全的运行。通过本项目的学习,能根据学生成绩管理数据库的要求,完成相应的安全设置。在任务实现过程中:

- 了解用户管理的基本方法
- 学习用户权限的设置方法
- 掌握数据库备份与恢复的方法
- 具有使用 Navicat 工具完成数据库安全设置的能力

【情境导入】

如果你作为某高校数据库管理员(DBA),需要对学生成绩管理数据库的安全性加固,以保证学生成绩管理系统能够正常的运行。本项目将通过数据库的备份与恢复及用户管理来实现数据库的安全加固。

【功能描述】

- 实现备份与恢复学生成绩管理数据库

● 实现学生成绩管理数据库的授权

【基本框架】

通过本项目的学习,实现学生成绩管理数据库 mystudent 的安全加固。

技能点 1　数据库的备份与恢复

1. 数据库的备份

为了保证数据安全,数据库管理员应定期对数据库进行备份。为了提升数据库的安全性,备份操作应定期进行,并且,在备份时要在不同的磁盘位置保存多个副本,以确保备份安全。备份数据库的语法格式为:

> mysqldump -u 用户名 -h 主机名 -p 密码 数据库名 > 文件名 .sql;

参数说明:

➢ 用户名:指管理用户的名称。

➢ 主机名:用户登录的主机名称。如果是本机可用"localhost"表示。

➢ -p 密码:登录密码。密码写在"-p"参数后面。特别注意"-p"和密码之间没有空格。

➢ 数据库名:指需要备份的数据库名字。

➢ >:指将备份内容备份到文件。

➢ 文件名 .sql:指备份文件的名称。这里的文件名是指文件的绝对路径,文件名以".sql"后缀结尾。备份文件系统会自动创建,无需手工创建。

➢ 运行 mysqldump 命令无需登录 MySQL 数据库,直接在命令提示符窗口中执行命令即可。

将用于测试的数据库 testStudent 备份,备份文件存储至"D:/bak.sql"目录。其 SQL 语句如示例代码 8-1 所示:

示例代码 8-1

> mysqldump -uroot -hlocalhost --default-character-set=gbk -p123456 testStudent>D:/bak.sql

注意:上述语句中的"--default-character-set=gbk"语句为指定默认字符集语句。

执行上述命令,即可将 testStudent 数据库成功备份。效果如图 8.1 所示。

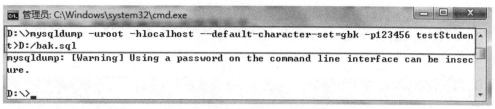

图 8.1　备份 testStudent 数据库

从图 8.1 中可以看出，testStudent 数据库已经备份成功，查看 D 盘下的 bak.sql 文件，可以看到文件已经是备份好的 SQL 代码。查看备份文件的界面效果如图 8.2 所示。

图 8.2　查看备份文件内容

2. 数据库的恢复

数据库恢复就是当数据库出现故障时，将备份的数据库加载到系统，使数据库恢复到备份时的正确状态。对于使用 mysqldump 命令备份形成的 .sql 文件，可以使用 mysql 命令导入到数据库中。语法格式为：

mysql -u 用户名 -p 密码 数据库名 < 文件名 .sql;

参数说明：

➤ 用户名：指管理用户的名称。

➤ 密码：登录密码。

➤ 数据库名：指恢复到具体的哪个数据库，该数据库默认情况下是需要事先创建的。

> ➤ <:指从指定的文件中来恢复数据。"<"后跟文件的绝对路径。

将用于测试的数据库 testStudent 恢复,采用备份文件为"D:/bak.sql"。其 SQL 语句如示例代码 8-2 所示:

示例代码 8-2
mysql -uroot -p123456 testStudent<D:/bak.sql

执行上述命令,即可将 testStudent 数据库内容成功恢复。效果如图 8.3 所示。

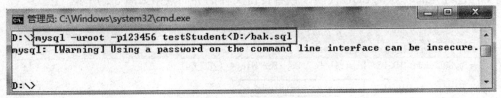

图 8.3 恢复数据库 testStudent

从图 8.3 中可以看出,testStudent 数据库已经恢复成功。

注意:在执行恢复数据库之前,需要先将 testStudent 数据库删除,重新建立一个新的 testStudent 数据库,再执行恢复数据库的命令。

技能点 2   用户管理

MySQL 的用户管理可以保证数据库系统的安全性。用户管理主要包括创建用户、修改用户密码、删除用户等操作。

1.user 表

在 MySQL 安装之后,系统会自动创建一个名为 mysql 的数据库,该数据库中有一个非常重要的表 user,该表记录了服务器的账号及权限信息。

在 MySQL 中,查看 user 表的用户名、主机名信息。其 SQL 语句如示例代码 8-3 所示:

示例代码 8-3
use mysql; select user,host from user;

执行上述命令,即可成功查看当前服务器上的用户情况,效果如图 8.4 所示。

2. 创建用户

在 MySQL 中,默认情况下只有一个 root 用户来管理各类数据库,但考虑其安全等因素,可以在 MySQL 中创建新的用户来管理数据库。语法格式为:

create user 用户名 @ 主机名 [identified by [密码]];

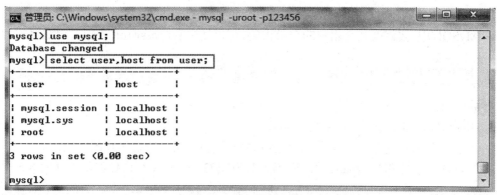

图 8.4　查看服务器用户信息

参数说明：

➤ 用户名：指创建新用户的名称。

➤ 主机名：指针对指定的服务器主机创建用户。

➤ identified by：设置用户登录服务器时的密码。如果没有该参数，用户登录时不需要密码。

在 MySQL 中，创建一个新用户"zhang3"，密码为"123456"。其 SQL 语句代码如示例代码 8-4 所示：

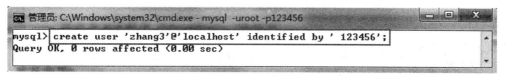

示例代码 8-4
create user 'zhang3'@'localhost' identified by ' 123456';

执行上述命令后，即可创建新用户"zhang3"。效果如图 8.5 所示。

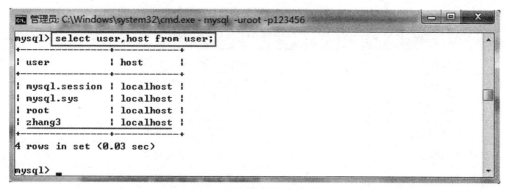

图 8.5　创建用户

新用户创建成功后，可通过 select 命令查看当前服务器上的用户情况，效果如图 8.6 所示。

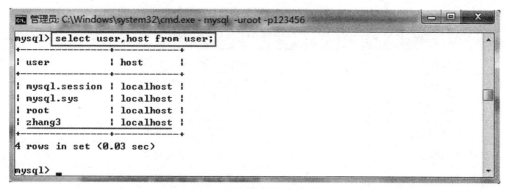

图 8.6　查看服务器用户信息

3. 修改用户密码

在 MySQL 中,要修改某个用户的登录密码,可以使用 set passwrod 语句。语法格式为:

> set password [for 用户名]=password(' 新密码 ');

参数说明:

➢ 用户名:指需要修改密码的用户名称。

➢ for 用户名:如果不加这个参数,则表示修改当前主机上特定用户的密码。

在 MySQL 中,将用户"zhang3"的密码更改为"123"。其 SQL 语句如示例代码 8-5 所示:

> 示例代码 8-5
>
> set password for zhang3=password('123');

执行上述命令后,查看当前服务器上的用户情况,效果如图 8.7 所示。

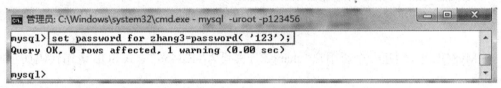

图 8.7　修改用户密码

技能点 3　权限管理

在 MySQL 中,为了保证数据的安全性,数据库管理员需要为每个用户赋予不同的权限,以满足不同的需求。

1. 权限类型

MySQL 数据库中有多种类型的权限,这些权限信息存储在系统内部的一些表中,服务器启动时权限也会自动设置。MySQL 服务器常用的权限信息如表 8.1 所示。

表 8.1　MySQL 服务器常用权限信息

权限名称	权限说明
CREATE	创建数据库、表、索引的权限
DROP	删除数据库或表的权限
ALTER	更改表的权限
DELETE	删除记录的权限
INSERT	插入记录的权限
SELECT	查询记录的权限
UPDATE	修改记录的权限

2. 权限授予

在 MySQL 中,可以使用 grant 语句为用户授予权限。授予权限操作一般由管理员根据实际工作需要进行授予。语法格式为:

> grant 权限列表 on 目标数据库 to 用户;

参数说明:

➢ 权限列表:指授予的权限信息,如 SELECT、INSERT 等。各权限之间用逗号分隔。

➢ 目标数据库:是指要授予权限的数据库。在授权时,可对该数据库中全部表进行授权,也可针对单独表进行授权。"数据库名.*"表示某个数据库中的所有表;"数据库名.表名"表示某个数据库中的某个表。

在 MySQL 中,授予"zhang3"用户在 mystudent 数据库中所有表的 SELECT 和 UPDATE 权限。其 SQL 语句如示例代码 8-6 所示:

> 示例代码 8-6
>
> grant select,update on mystudent.* to zhang3;

执行上述命令后,即可完成对 zhang3 用户的授权。效果如图 8.8 所示。

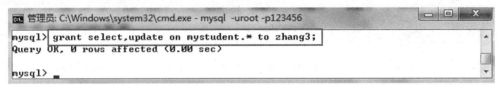

图 8.8　用户授权

3. 权限查询

在 MySQL 中,可以使用 show grants 语句来显示指定的权限信息。语法格式为:

> show grants for 'username'@'hostname';

参数说明:

➢ username: 指要查看权限的用户名称。

➢ hostname: 指服务器的主机名。

在 MySQL 中,查询"zhang3"用户在 mystudent 数据库中所拥有的权限。其 SQL 语句如示例代码 8-7 所示:

> 示例代码 8-7
>
> show grants for 'zhang3'@'localhost';

执行上述命令后,即可完成对 zhang3 用户的权限查询。效果如图 8.9 所示。

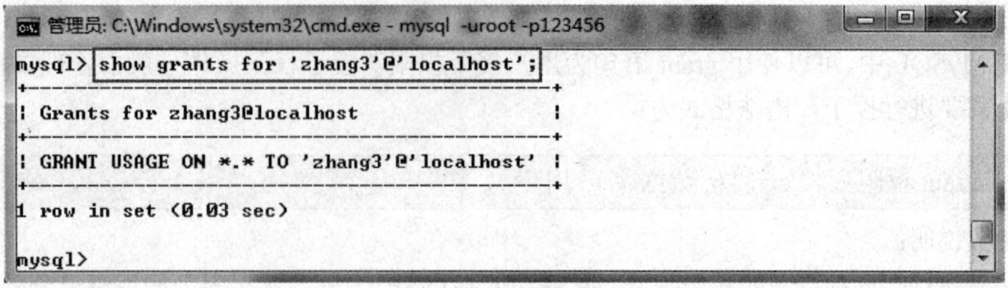

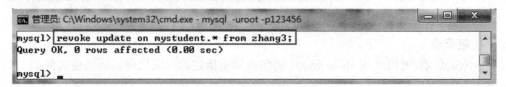

图 8.9　权限查询

4. 权限回收

在 MySQL 中,可以使用 revoke 语句回收用户权限。语法格式为:

> revoke 权限列表 on 目标数据库 from 用户;

参数说明:

revoke 语句参数的含义与 grant 语句相似。

在 MySQL 中,回收"zhang3"用户在 mystudent 数据库中所有表的 UPDATE 权限。其 SQL 语句如示例代码 8-8 所示:

示例代码 8-8

```
revoke update on mystudent.* from zhang3;
```

执行上述命令后,即可完成对 zhang3 用户权限的回收。效果如图 8.10 所示。

```
管理员: C:\Windows\system32\cmd.exe - mysql  -uroot -p123456

mysql> revoke update on mystudent.* from zhang3;
Query OK, 0 rows affected (0.00 sec)

mysql>
```

图 8.10　权限回收

技能点 4　使用 Navicat 工具实现数据库安全管理

在 MySQL 中,除了可以利用命令提示符窗口备份与恢复数据库及对用户权限的管理外, 还可以使用图形管理工具 Navicat 来实现数据安全加固的一系列操作。

1. 数据库备份

(1)在左侧"连接树"工具栏中选择"备份"选项,单击"新建备份",效果如图 8.11 所示。

(2)单击"开始"按钮开始备份,备份完成后,单击"保存"按钮,输入文件名即可保存备份 信息,效果如图 8.12 所示。

图 8.11　备份数据库

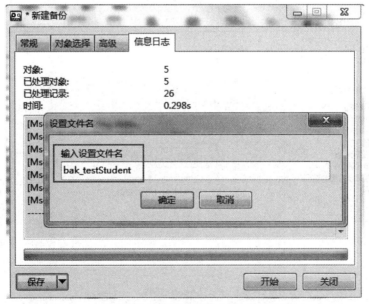

图 8.12　备份数据库 testStudent

2. 数据库恢复

(1)在主工作区中选择"还原备份"按钮,在弹出的文件框中选择指定的备份,效果如图

8.13 所示。

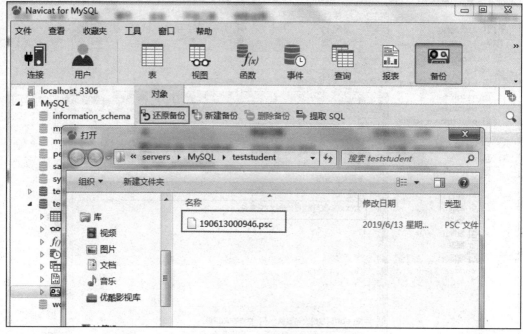

图 8.13　恢复数据库

（2）击"开始"按钮进行恢复数据库，效果如图 8.14 所示。

图 8.14　恢复数据库

对学生成绩管理系统数据库 mystudent 进行备份,并为用户"zhang3"授权,使"zhang3"用户对该数据库具有 SELECT、INSERT、UPDATE 权限。

将通过以下两个步骤的操作实现学生成绩管理数据库的备份及授权。

第一步:对学生成绩管理系统数据库 mystudent 进行备份,SQL 语句如示例代码 8-9 所示:

示例代码 8-9
mysqldump -uroot -hlocalhost --default-character-set=gbk -p123456 mystudent>D:/my-bak.sql

执行上述命令,即可完成对 mystudent 数据库的备份。效果如图 8.15 所示。

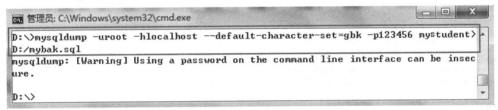

图 8.15　备份数据库

第二步:使"zhang3"用户对该数据库具有 SELECT、INSERT、UPDATE 权限。

授予权限的 SQL 语句如示例代码 8-10 所示:

示例代码 8-10
grant select,update,insert on mystudent.* to zhang3;

执行上述命令执行完成后,即可完成 mystudent 数据库对"zhang3"用户的授权。效果如图 8.16 所示。

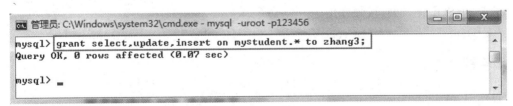

图 8.16　为用户授权

至此,学生成绩管理数据库的备份与授权操作已经完成。

通过对本项目的学习,了解了如何对数据库进行备份与恢复,以及如何为指定的用户授予操作数据库的权限,并能使用图形管理工具实现数据库的安全管理。

localhost	本机	password	密码
grant	授予	revoke	撤销
character	特点	identified by	口令
username	用户名	hostname	主机名

一、选择题

1. 使用 mysqldump 命令备份数据库时,"-u"参数是用于指定(　　　)。
(A)用户名　　　　　(B)主机名　　　　　(C)密码　　　　　(D)文件名

2. 使用 mysqldump 命令备份数据库时,"-h"参数是用于指定(　　　)。
(A)用户名　　　　　(B)主机名　　　　　(C)密码　　　　　(D)文件名

3. 使用 mysqldump 命令备份数据库时,"-p"参数是用于指定(　　　)。
(A)用户名　　　　　(B)主机名　　　　　(C)密码　　　　　(D)文件名

4. 在 MySQL 中,授予权限使用(　　　)命令。
(A)grant　　　　　(B)revoke　　　　　(C)alter　　　　　(D)update

5. 在 MySQL 中,回收权限使用(　　　)命令。
(A)grant　　　　　(B)revoke　　　　　(C)alter　　　　　(D)drop

二、填空题

1. 使用 mysqldump 命令备份数据库时,">"符号后跟_____语句。

2. 在系统的 myql 数据库中,user 表中的 user、host 字段分别表示的含义是_____、_____。

3. 在 MySQL 的数据库中,创建一个用户"zhang3",密码为"123456",其命令是"create user 'zhang3' _____by ' 123456';"。

4. 在 MySQL 的数据库中,将"zhang3"用户的密码修改为"123",其命令是"set password for zhang3=_____('123');"。

5. 在 MySQL 的数据库中,授予"zhang3"用户具有查询数据库中表的权限,其命令是"grant _____ on mystudent.* to zhang3;"。

三、上机题

项目:在网上书城数据库中按要求完成以下任务。

1. 完成网上书城数据库 bookStore 的备份;

2. 创建一个新用户"li4",密码为"123456"。

3. 将用户"li4"的密码更改为"123"。

4. 授予"li4"用户具有插入、修改、查询数据库中表的权限。

5. 回收"li4"用户向数据库插入记录的权限。

项目九 综合项目案例

本项目通过一个手机销售管理系统综合项目实例,介绍 MySQL 数据库技术的综合应用,完成手机销售管理数据库的创建与使用。在任务实现过程中:

- 了解项目需求分析需具备的能力
- 学习数据库设计的方法与步骤
- 掌握 E-R 图的绘制方法
- 具有综合运用 MySQL 数据库的能力

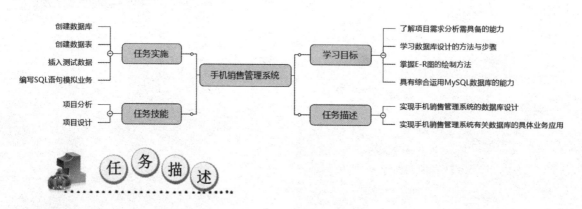

【情境导入】

某公司是一家民营的手机销售企业,主要从事各类手机的批发,现有客户 10000 余家。现将为该公司开发一套手机销售管理系统,对公司的手机销售业务进行计算管理,以保证数据的安全性,提高工作效率。

【功能描述】

- 实现手机销售管理系统的数据库设计
- 实现手机销售管理系统有关数据库的具体业务应用

【基本框架】

通过本项目的学习,实现手机销售管理数据库的配置与管理。

技能点 1 项目分析

1. 需求概述

根据公司的需求,需要设计一个手机销售管理系统数据库,使用 MySQL5.7.25 作为管理系统的数据库软件,以满足手机销售系统的存库查询、客户管理、订单管理等业务操作。

2. 项目准备

(1)环境准备

➢ 数据库: MySQL 5.7.25。

➢ 操作系统:Windows 操作系统。

(2)技能准备

➢ 会使用 SQL 语句创建数据库和表,并添加各种约束。

➢ 会使用常见的 SQL 语句,如 insert 语句、update 语句、delete 语句。

➢ 会使用子查询进行查询。

➢ 会创建并使用索引、视图。

3. 问题分析

通过与公司销售部工作人员的沟通交流,确定该手机销售管理系统的业务描述如下。

(1)手机销售管理系统数据库为工作人员提供手机库存信息查询业务,详见表 9.1 所示。

表 9.1 手机库存管理业务

业务	功能描述
库存管理	进货需要增加库存,客户下订单后需减少对应品牌库存
库存查询	查询各品牌、型号、颜色、内存大小、单价等手机库存
管理客户信息	管理客户的基本信息
管理订单信息	管理订单的基本信息

(2)手机销售管理系统数据库为工作人员提供会员信息查询业务,详见表 9.2 所示。

表 9.2 会员信息管理业务

数据	功能描述
会员编号	会员编号
会员姓名	会员的名称
性别	会员的性别
密码	会员的密码
会员邮箱	会员的联系邮箱
联系电话	会员的联系电话
通信地址	会员的通信地址

（3）手机销售管理数据库为工作人员、会员提供订单信息查询业务，详见表 9.3 所示。

表 9.3 订单信息管理业务

数据	功能描述
订单数量	各品牌手机的订单数量
订单状态	各订单的发货状态
订购日期	各品牌手机的订单产生的时间
发货时间	各品牌手机的订单发货的时间

技能点 2   项目设计

1. 数据库设计

（1）创建手机销售管理系统 E-R 图

明确手机销售管理系统的实体、实体属性及实体之间的关系。手机销售管理系统 E-R 图如图 9.1 所示。

（2）将 E-R 图转化为关系模式

按照将 E-R 图转换为关系模式的规则，将图 9.1 所示 E-R 图转换，得到的关系模式为：

库存表（stock）：（手机编号、品牌、型号、颜色、内存大小、单价、库存数量）。其中，用手机编号来唯一标识各手机信息，所以主键为手机编号。

会员表（user）：（会员编号、会员姓名、密码、性别、会员邮箱、联系电话、通信地址）。其中，用会员编号来唯一标识各会员信息，所以主键为会员编号。

订单表（ordertb）：（订单号、会员编号、手机编号、订购数量、订单状态、订购日期、发货时间）。其中，一个会员编号可对应多个订单编号，而一个手机编号也有可能对应多个订单号。

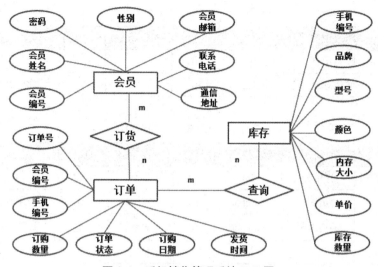

图 9.1　手机销售管理系统 E-R 图

（3）规范数据库的设计

使用第一范式、第二范式、第三范式对关系进行规范化,使每个关系的规范程度都达到第三范式。在规范化关系时,也要考虑软件的运行性能。

2. 确定数据表结构

库存表 stock、会员表 user、订单表 ordertb 结构分别如表 9.4 至表 9.6 所示。

表 9.4　库存表 stock 结构

字段名	字段说明	数据类型	长度	允许为空	约束	备注
mobID	手机编号	varchar	50	非空	主键	
brand	品牌	varchar	50	非空		
model	型号	varchar	30	非空		
color	颜色	varchar	30	非空		
memSize	内存大小	varchar	10	非空		
price	单价	float		非空		
stockNum	库存数量	int		非空		

表 9.5　会员表 user 结构

字段名	字段说明	数据类型	长度	允许为空	约束	备注
uID	会员编号	varchar	10	非空	主键	
uName	会员姓名	varchar	50	非空		
passwd	密码	varchar	20	非空		
sex	性别	char	2	非空		只能为"男"或"女"
email	会员邮箱	varchar	30	可		

续表

字段名	字段说明	数据类型	长度	允许为空	约束	备注
phone	联系电话	varchar	30	可		
address	通信地址	varchar	50	可		默认"地址不详"

表 9.6 订单表 ordertb 结构

字段名称	字段说明	数据类型	长度	可否为空	约束	备注
orderID	订单号	int	10	非空	主键	自动编号
uID	会员编号	varchar	10	非空	外键	引用 user 表主键
mobID	手机编号	varchar	50	非空	外键	引用 stock 表主键
orderNum	订购数量	int		非空		
status	订单状态	tinyint		非空		1 表已处理， 0 表待处理
orderTime	订购日期	date		非空		
deliveryTime	发货时间	date		非空		

1. 创建数据库

创建数据库 mobileSale，其 SQL 语句如示例代码 9-1 所示：

> 示例代码 9-1
>
> ```
> create database mobileSale;
> ```

2. 创建数据表

根据设计出的"手机销售管理系统"数据表的结构，使用 create table 语句创建数据表。

（1）创建库存表 stock，其结构如表 9.4 所示。创建库存表的 SQL 语句如示例代码 9-2 所示：

> 示例代码 9-2
>
> ```
> create table stock
> (
> mobID varchar(50) primary key,
> brand varchar(50) not null,
> ```

```
model varchar(30) not null,
color varchar(30) not null,
memSize varchar(10) not null,
price float not null,
stockNum int not null
);
```

上述命令执行完成后,可通过 DESC 命令查看 stock 表的结构信息,效果如图 9.2 所示。

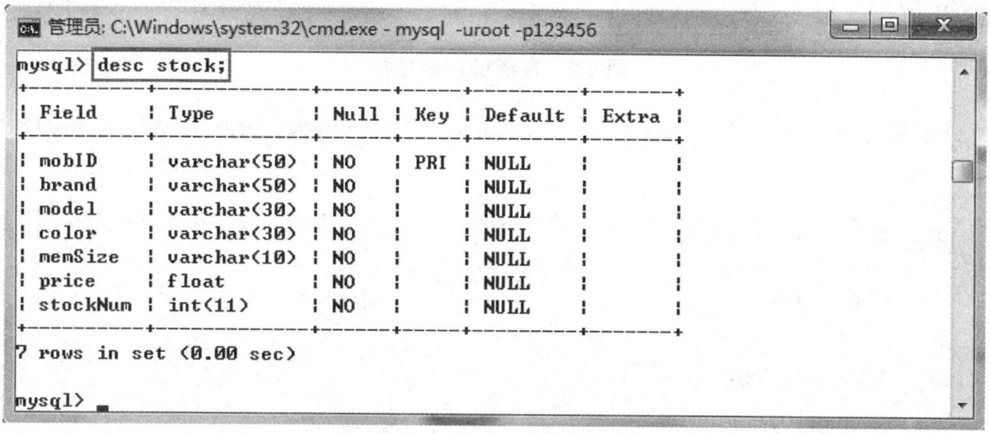

图 9.2 查看 stock 表结构

(2)创建用户表 user,其结构如表 9.5 所示。创建用户表 user 的 SQL 语句如示例代码 9-3 所示:

```
示例代码 9-3
create table user
(
uID varchar(10) primary key,
uName varchar(50) not null,
passwd varchar(20) not null,
sex char(2) not null check(sex in(' 男 ',' 女 ')),
email varchar(30),
phone varchar(30),
address varchar(50) default ' 地址不详 '
);
```

上述命令执行完成后,可通过 DESC 命令查看 user 表的结构信息,效果如图 9.3 所示。

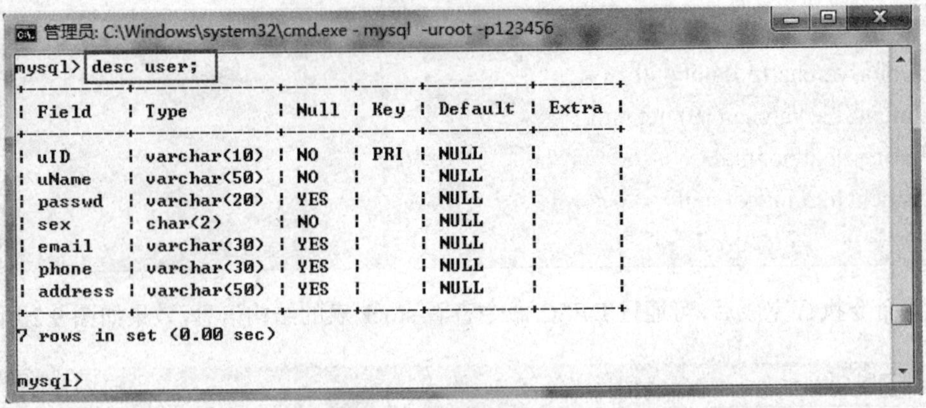

管理员: C:\Windows\system32\cmd.exe - mysql -uroot -p123456

```
mysql> desc user;
+---------+-------------+------+-----+---------+-------+
| Field   | Type        | Null | Key | Default | Extra |
+---------+-------------+------+-----+---------+-------+
| uID     | varchar(10) | NO   | PRI | NULL    |       |
| uName   | varchar(50) | NO   |     | NULL    |       |
| passwd  | varchar(20) | YES  |     | NULL    |       |
| sex     | char(2)     | NO   |     | NULL    |       |
| email   | varchar(30) | YES  |     | NULL    |       |
| phone   | varchar(30) | YES  |     | NULL    |       |
| address | varchar(50) | YES  |     | NULL    |       |
+---------+-------------+------+-----+---------+-------+
7 rows in set (0.00 sec)

mysql>
```

图 9.3　查看 user 表结构

（2）创建订单表 ordertb，其结构如表 9.6 所示。创建订单表 ordertb 的 SQL 语句如示例代码 9-4 所示：

示例代码 9-4

```
create table ordertb
(
orderID varchar(10),
uID varchar(10) not null,
mobID varchar(50) not null,
orderNum int not null,
orderTime date not null,
status tinyint(1),
deliveryTime date,
primary key(orderID)
);
```

上述命令执行完成后，可通过 DESC 命令查看 ordertb 表的结构信息，效果如图 9.4 所示。

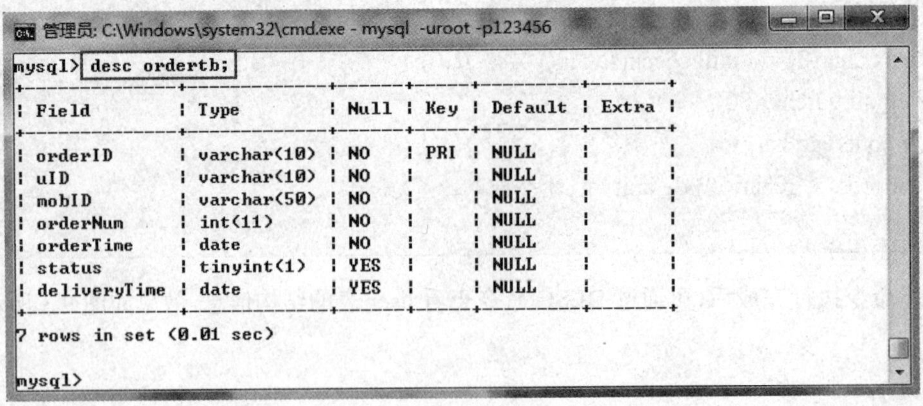

管理员: C:\Windows\system32\cmd.exe - mysql -uroot -p123456

```
mysql> desc ordertb;
+--------------+-------------+------+-----+---------+-------+
| Field        | Type        | Null | Key | Default | Extra |
+--------------+-------------+------+-----+---------+-------+
| orderID      | varchar(10) | NO   | PRI | NULL    |       |
| uID          | varchar(10) | NO   |     | NULL    |       |
| mobID        | varchar(50) | NO   |     | NULL    |       |
| orderNum     | int(11)     | NO   |     | NULL    |       |
| orderTime    | date        | NO   |     | NULL    |       |
| status       | tinyint(1)  | YES  |     | NULL    |       |
| deliveryTime | date        | YES  |     | NULL    |       |
+--------------+-------------+------+-----+---------+-------+
7 rows in set (0.01 sec)

mysql>
```

图 9.4　查看 ordertb 表结构

3. 插入测试数据

使用 SQL 语句向数据库中插入测试数据，需要插入的数据如表 9.7 至表 9.9 所示。

表 9.7　存库表 stock 数据

mobID	brand	model	color	memSize	price	stockNum
m00001	华为	P20	亮黑色	64 GB	3 288	2 312
m00002	华为	P20	亮黑色	128 GB	3 488	1 798
m00003	华为	P20	极光色	64 GB	3 388	2 499
m00004	华为	P20	极光色	128 GB	3 488	1 133
m00005	华为	P30	亮黑色	64 GB	3 988	580
m00006	华为	P30	亮黑色	128 GB	4 388	400
m00007	华为	P30	极光色	64 GB	3 988	340
m00008	华为	P30	极光色	128GB	4288	2010
m00009	小米	小米 8	黑色	64GB	3499	1920
m00010	小米	小米 8	白色	128GB	3699	2311

表 9.8　会员表 user 数据

uID	uName	passwd	sex	email	phone	address
u0001	n01	123456	男	346876532@qq.com	13896501267	天津市河东区
u0002	n02	123456	男	562567813@qq.com	13689772233	山东省济南市
u0003	n03	123456	女	209871225@qq.com	18590190717	四川省成都市

表 9.9　订单表 ordertb 数据

orderID	uID	mobID	orderNum	orderTime	status	deliveryTime
E00001	u0001	m00001	200	2019/6/22	1	2019/6/30
E00002	u0002	m00002	150	2019/6/22	1	2019/6/30
E00003	u0002	m00003	50	2019/7/5	1	2019/7/15
E00004	u0003	m00004	48	2019/8/10	1	2019/8/20
E00005	u0003	m00005	135	2019/9/26	1	2019/9/29

（1）对库存表 stock 的执行插入命令，执行 SQL 语句如示例代码 9-5 所示：

```
示例代码 9-5

insert into stock values
('m00001',' 华为 ','P20',' 亮黑色 ','64GB',3288,2312),
('m00002',' 华为 ','P20',' 亮黑色 ','128GB',3488,1798),
```

```
('m00003',' 华为 ','P20',' 极光色 ','64GB',3388,2499),
('m00004',' 华为 ','P20',' 极光色 ','128GB',3488,1133),
('m00005',' 华为 ','P30',' 亮黑色 ','64GB',3988,580),
('m00006',' 华为 ','P30',' 亮黑色 ','128GB',4388,400),
('m00007',' 华为 ','P30',' 极光色 ','64GB',3988,340),
('m00008',' 华为 ','P30',' 极光色 ','128GB',4288,2010),
('m00009',' 小米 ',' 小米 8',' 黑色 ','64GB',3499,1920),
('m00010',' 小米 ',' 小米 8',' 白色 ','128GB',3699,2311);
```

（2）对用户表 user 的执行插入命令，执行 SQL 语句如示例代码 9-6 所示：

示例代码 9-6

```
insert into user values
('u0001','n01','123456',' 男 ','34687653@qq.com','13896501267',' 天津市河东区 '),
('u0002','n02','123456',' 男 ','56256781@qq.com','13689772233',' 山东省济南市 '),
('u0003','n03','123456',' 女 ','20987122@qq.com','18590190717',' 四川省成都市 ');
```

（3）对订单表 ordertb 的执行插入命令，执行 SQL 语句如示例代码 9-7 所示：

示例代码 9-7

```
insert into ordertb values
('E00001','u0001','m00001',200,'2019-06-22',1,'2019-06-30'),
('E00002','u0002','m00002',150,'2019-06-22',1,'2019-06-30'),
('E00003','u0002','m00003',50,'2019-07-05',1,'2019-07-15'),
('E00004','u0003','m00004',48,'2019-08-10',1,'2019-08-20'),
('E00005','u0003','m00005',135,'2019-09-26',1,'2019-09-29');
```

（4）各数据表数据添加成功后，使用 select 命令查看添加结果，界面效果如图 9.5 至图 9.7 所示。

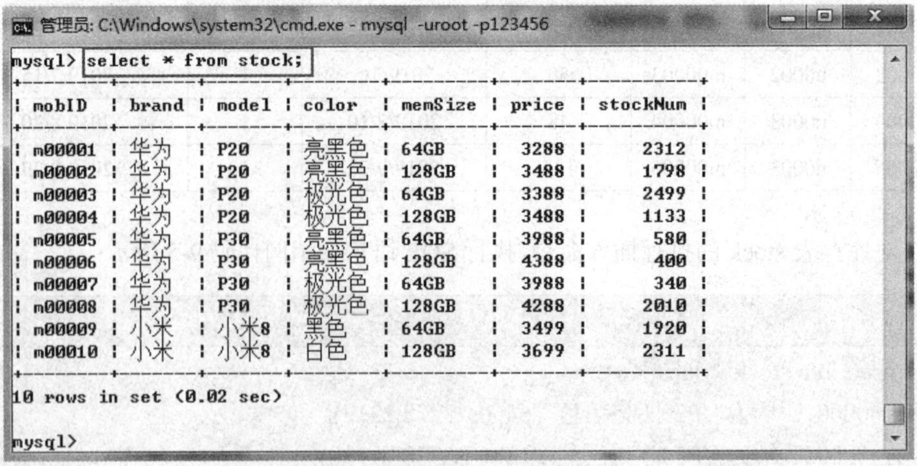

图 9.5　查看 stock 表数据

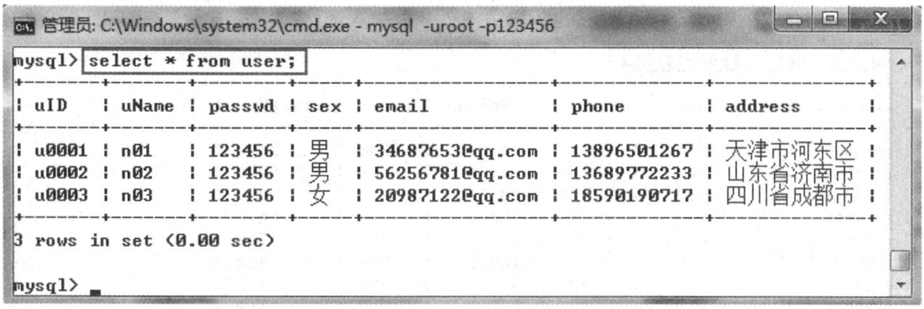

图 9.6　查看 user 表数据

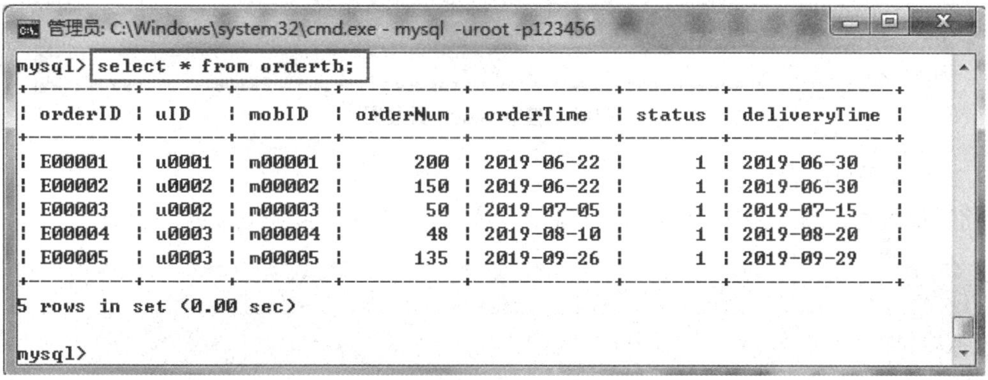

图 9.7　查看 ordertb 表数据

4. 编写 SQL 语句模拟业务

在 MySQL 中,编写 SQL 语句实现手机销售管理系统的日常业务。

（1）添加新手机数据

在手机销售管理系统中,实现添加一款新的手机产品至数据库中,参数信息如下:

手机品牌:小米,手机型号:小米 8,颜色:灰色,内存大小: 128 GB,价格: 3 799,库存数量: 500 台。其 SQL 语句如示例代码 9-8 所示。

示例代码 9-8
insert into stock values ('m00011',' 小米 ',' 小米 8',' 灰色 ','128GB',3799,500);

执行上述 SQL 命令后,使用 select 命令查看添加结果,界面效果如图 9.8 所示。

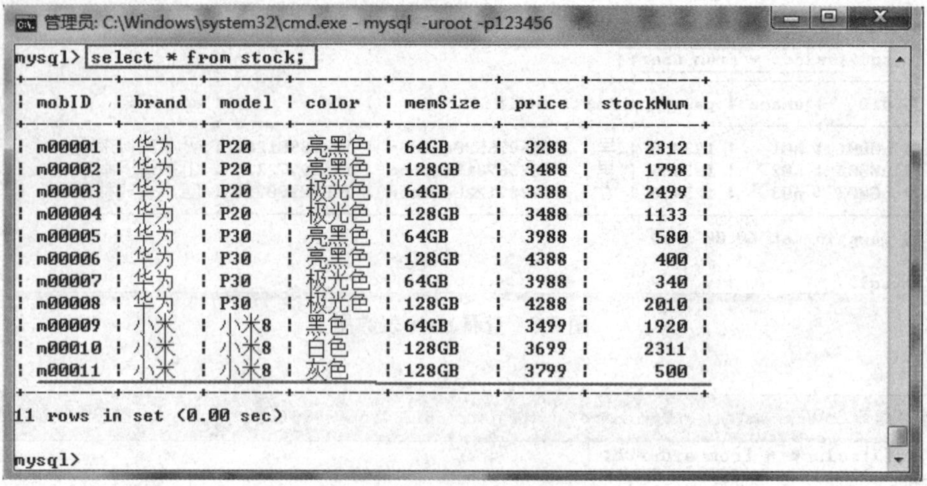

图 9.8　查看 stock 表数据

（2）删除手机库存信息

将手机编号为"m00011"的手机信息删除，其 SQL 语句如示例代码 9-9 所示。

示例代码 9-9

```
delete from stock where mobID='m00011';
```

执行上述 SQL 命令后，使用 select 命令查看删除结果，界面效果如图 9.9 所示。

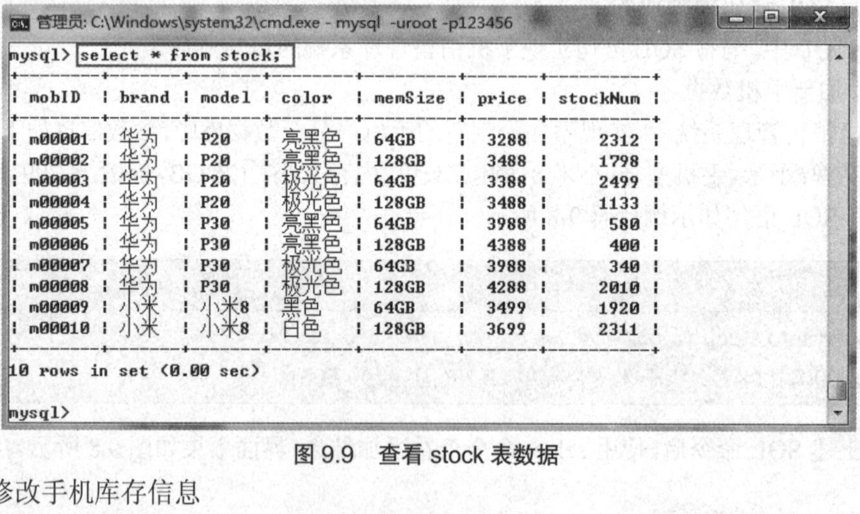

图 9.9　查看 stock 表数据

（3）修改手机库存信息

将华为 P30，颜色"极光色"，64GB 内存的手机库存增加 150 台，其 SQL 语句如示例代码 9-10 所示。

示例代码 9-10

```
update stock set stockNum=stockNum+150
where model='P30' and color=' 极光色 ' and memSize='64GB';
```

执行上述 SQL 命令后，使用 select 命令查看修改结果，界面效果如图 9.10 所示。

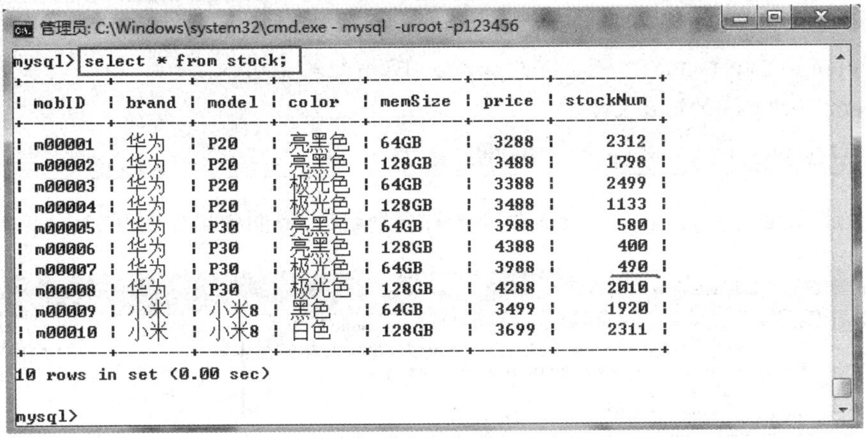

```
管理员: C:\Windows\system32\cmd.exe - mysql  -uroot -p123456

mysql> select * from stock;
+--------+-------+-------+--------+---------+-------+----------+
| mobID  | brand | model | color  | memSize | price | stockNum |
+--------+-------+-------+--------+---------+-------+----------+
| m00001 | 华为  | P20   | 亮黑色 | 64GB    | 3288  |    2312  |
| m00002 | 华为  | P20   | 亮黑色 | 128GB   | 3488  |    1798  |
| m00003 | 华为  | P20   | 极光色 | 64GB    | 3388  |    2499  |
| m00004 | 华为  | P20   | 极光色 | 128GB   | 3488  |    1133  |
| m00005 | 华为  | P30   | 亮黑色 | 64GB    | 3988  |     580  |
| m00006 | 华为  | P30   | 亮黑色 | 128GB   | 4388  |     400  |
| m00007 | 华为  | P30   | 极光色 | 64GB    | 3988  |     490  |
| m00008 | 华为  | P30   | 极光色 | 128GB   | 4288  |    2010  |
| m00009 | 小米  | 小米8 | 黑色   | 64GB    | 3499  |    1920  |
| m00010 | 小米  | 小米8 | 白色   | 128GB   | 3699  |    2311  |
+--------+-------+-------+--------+---------+-------+----------+
10 rows in set (0.00 sec)

mysql>
```

图 9.10　查看 stock 表数据

（4）查询手机库存信息

分别查询库存中价格最高手机库存信息，其 SQL 语句如示例代码 9-11 所示。

示例代码 9-11

```
select * from stock
where price=(select max(price) from stock);
```

执行上述 SQL 命令后，使用 select 命令查看查询结果，界面效果如图 9.11 所示。

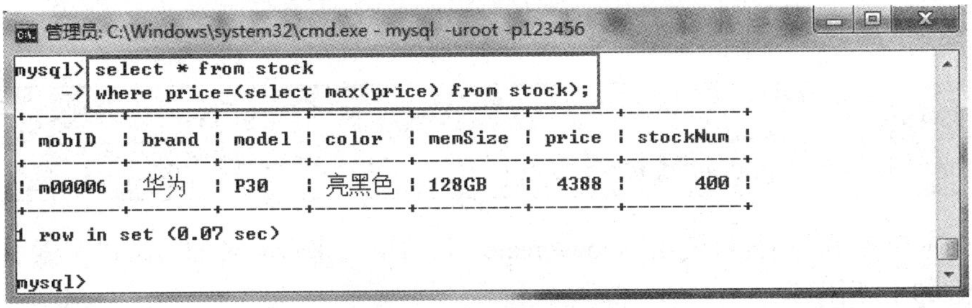

```
管理员: C:\Windows\system32\cmd.exe - mysql  -uroot -p123456

mysql> select * from stock
    -> where price=(select max(price) from stock);
+--------+-------+-------+--------+---------+-------+----------+
| mobID  | brand | model | color  | memSize | price | stockNum |
+--------+-------+-------+--------+---------+-------+----------+
| m00006 | 华为  | P30   | 亮黑色 | 128GB   | 4388  |     400  |
+--------+-------+-------+--------+---------+-------+----------+
1 row in set (0.07 sec)

mysql>
```

图 9.11　查看查询结果

（5）查询某个品牌手机的销售情况

查询华为 P20 手机的销售情况，包括订单编号、手机品牌、型号、颜色、内存大小、订购数量，要求列名显示为中文，其 SQL 语句如示例代码 9-12 或示例代码 9-13 所示：

示例代码 9-12

```
select o.orderID 订单号 ,s.brand 品牌 ,s.model 型号 ,
s.color 颜色 ,s.memSize 内存大小 ,o.orderNum 订单数量
from stock as s inner join ordertb as o
on s.mobID=o.mobID
where s.model='P20';
```

示例代码 9-13

select o.orderID 订单号 ,s.brand 品牌 ,s.model 型号 ,
s.color 颜色 ,s.memSize 内存大小 ,o.orderNum 订单数量
from stock as s,ordertb as o
where s.mobID=o.mobID and s.model='P20';

执行上述 SQL 命令后,使用 select 命令查看查询结果,界面效果如图 9.12 所示。

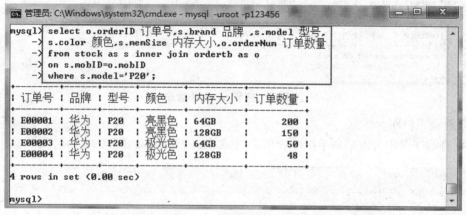

图 9.12　查看查询结果

(6)创建索引

在 ordertb 表中,在会员编号列上创建普通索引,索引名为 idx_uid,其 SQL 语句如示例代码 9-14 所示。

示例代码 9-14

alter table ordertb add index idx_uID (uID);

执行上述 SQL 命令后,可使用"show create table"语句来查看表的结构以及索引的定义信息,效果如图 9.13 所示。

(6)创建视图

在手机销售管理数据库中,创建一个按会员编号查询的订单信息的视图,视图名为 uid_view,要求该视图能显示各会员单位的订单信息,包含会员名称、订单号、手机编号、订购数量、订购时间、发货时间。其 SQL 如示例代码 9-15 所示。

示例代码 9-15

create view uid_view
as
select u.uName,o.orderID,o.mobID,o.orderNum,o.orderTime,o.deliveryTime
from user u,ordertb o
where u.uID=o.uID;

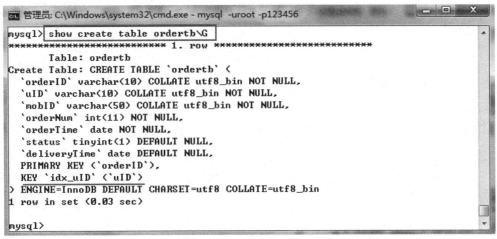

图 9.13　查看索引定义信息

视图创建成功后，使用 select 命令可查看视图中的数据，效果如图 9.14 所示。

图 9.14　查看视图信息

通过对本项目的学习，掌握了如何完成一个完整的数据库项目的设计，并通过设计方案建立数据表的结构，并将业务数据添加至数据库表中。另外，模拟真实业务进行增、删、改、查等操作。